df

GESCHICHTEN, DIE DIE FORSCHUNG SCHREIBT

Band 12

Von Karthago, Chaos und Klebewesen

Ein Lesebuch des Deutschen Forschungsdienstes

Herausgegeben von Karl-Heinz Preuß und Rolf H. Simen

df

Verlag Deutscher Forschungsdienst

Die Deutsche Bibliothek – CIP-Einheitsaufnahme

Geschichten, die die Forschung schreibt: ein Lesebuch des Deutschen Forschungsdienstes / hrsg. von Karl-Heinz Preuss u. Rolf H. Simen. – Bonn-Bad Godesberg: Verl. Dt. Forschungsdienst.
Sonderbd. hrsg. von Bettina Reckter ...
NE: Preuss, Karl-Heinz [Hrsg.]; Reckter, Bettina [Hrsg.]; Deutscher Forschungsdienst <Bonn>

Bd. 12. Von Karthago, Chaos und Klebewesen. – 1993

Von Karthago, Chaos und Klebewesen. – Bonn-Bad Godesberg: Verl. Dt. Forschungsdienst, 1993
(Geschichten, die die Forschung schreibt; Bd. 12)
ISBN 3-923120-51-6

Typographie: Dieter Hüsken

Illustrationen: Wilfried Graf Schwerin von Krosigk

Umschlagzeichnung: Bernd Jobst

Umschlagentwurf: Michael B. Grunzke

Gesamtherstellung: Konkordia Druck GmbH, 77815 Bühl

ISBN 3-923120-51-6 · Printed in Germany

INHALT

AUS DER WELT DER WORTE

Von der Sprache Christi bis zu den falschen Zungen der Statistik

Von Ordnung, Chaos und den Wundern des Werdens

MITGESCHÖPFE DES MENSCHEN

Von Quastenflossern, Wölfen, Braunbären und leuchtenden Fischen

Vorwort

Es liegt wohl nicht nur am berühmten Zeitgeist, daß das Chaos, dem auch in diesem Buch – direkt oder indirekt – mehrere Beiträge gewidmet sind, gegenwärtig in aller Munde ist. Denn eigentlich schuld daran sind die Computer, so sehr ihr Name auch Ordnung zu signalisieren scheint. Doch ihre Leistungsfähigkeit macht es gerade möglich, jenen winzigen Einflüssen, die einen „geordneten" Vorgang stören, bis fast in die Berechnungsunendlichkeit nachzuspüren. Doch dabei tun sich zunehmend Abgründe auf.

Ging es in der klassischen Physik gleichsam noch abstrakt um die Schönheit der Naturgesetze, so zeigt sich heute noch weit mehr, wie sehr diese Schönheit verborgen ist. So besteht zum Beispiel die klassisch-physikalische Beschreibung der Wurfbahn eines Steins darin, ihn zunächst einmal zum „Massenpunkt" zu verkleinern und dann ungestört von sonstigen äußeren Einwirkungen, wie etwa dem Luftwiderstand, einfach „fliegen" zu lassen. Nur unter derart idealisierten Bedingungen entspricht sein nun berechenbar genannter Flug also der Formel, mit der aus einer viel komplizierteren Wirklichkeit ein einfaches Naturgesetz sozusagen herausgefiltert wurde.

Auf diese schöne und elegante Weise lassen sich zum Beispiel die Bahnen berechnen, die ein Planet und ein Mond umeinander ziehen, ein sogenanntes Zweikörperproblem. Das Verfahren taugt dann aber nur noch in einigen Ausnahmefällen für die mathematisch-naturgesetzliche Beschreibung von drei Körpern, es scheitert ganz am Vielkörperproblem, dem nur noch mit Näherungsrechnungen zu begegnen ist. Denn dann gibt es eine Vielfalt von Überlagerungsprozessen, die – für längere Zeiträume im voraus – nur mit größten Schwierigkeiten oder überhaupt nicht durchschaubar sind.

Schon Ende des vorigen Jahrhunderts hat die Schwedische Akademie der Wissenschaften deshalb die Preisfrage ausgeschrieben, ob denn unser Planetensystem überhaupt stabil sei. Denn auch das ist alles andere als eine Selbstverständlichkeit, obwohl bereits Pierre Simon de Laplace (1749-1827) in einer bis heute berühmten mathematischen Untersuchung die – zumindest – langzeitliche Stabilität des Sonnensystems aufgezeigt hatte. Noch heute rechnen sich verschiedene Astronomen die Köpfe und Computer heiß daran, für wie lange diese Zusicherung tatsächlich gelten könnte. Denn nach wie vor bleibt die Frage brennend aktuell, wie sehr sich „nicht vorhersehbare Störungen" in einer solchen scheinbaren Harmonie zu katastrophalen Entwicklungen aufschaukeln können. Bildhaft verallgemeinert lautet die Frage also, ob es denn tatsächlich stimmt, daß bereits der von dem amerikanischen Wetterforscher Edward Lorenz beispielhaft genannte Flügelschlag eines Schmetterlings in einem besonders „ungünstigen" Moment die Großwetterlage über einem ganzen Kontinent durcheinanderbringen kann. Spannend wird das auch deshalb, weil man solche Störungen inzwischen meßtechnisch meist erfassen und ihre Auswirkungen dann mit Computern genauestens berechnen kann. Doch die Zuordnung von Ursachen zu Wirkungen entpuppt sich so allemal als ein Problem, das nur in einfachsten Fällen zu lösen ist.

Unter solchen Gesichtspunkten erweist sich denn auch die Chaostheorie als eine moderne Entwicklungsrichtung der Mathematik und anderer Wissenschaften, die sich um das Verständnis aller Vorgänge bemüht, die in dem Sinne störungsanfällig sind, daß man ihren Ablauf nach einer solchen Störung nicht mehr klar vorhersagen kann. Vorhersage ist im Sinne der klassischen Physik nur möglich, wenn man den naturgesetzlichen Ablauf eines Vorgangs kennt und mathematisch auch beschreiben kann. Dazu allerdings braucht man auch einen ganz genau definierten Startpunkt, die sogenannten Anfangsbedingungen. Ist jedoch unklar, wie ein Vorgang überhaupt eingeleitet wurde, wird der Versuch, seinen weiteren Ablauf vorherzusagen, mit zunehmender Zeit von den Auswirkungen der „Anfangsfehler" unmöglich gemacht. Ein in einem solchen rechnerischen Vorhersageversuch im Sonnensystem nur um wenige Zentimeter falsch auf seine Bahn gesetzter Planet kann Jahrmillionen später das gesamte Sonnensystem in ein Chaos stürzen. Nur dann, wenn man die Anfangsbedingungen sozusagen in unendlicher Genauigkeit erfassen könnte, wäre die vorhersagbare Zukunft also zu sichern. Auch wenn man die Naturgesetze kennt, die eine Entwicklung eigentlich ganz genau vorgeben (oder determinieren), bleibt es also ein Problem, diese Entwicklung vorherzusagen, weil man nicht exakt genug beschreiben kann, wo sie einsetzt.

Das Studienobjekt der Chaostheorie ist also die Art und Vielfalt der Wege, auf denen Ordnung in Chaos umschlagen kann. Dabei zeigt sich das Chaos mit seinen vielen Aspekten der Forschung heute als ein Phänomen, das auf die Grenze alles Erklärlichen verweist – und das ist vielleicht auch die Botschaft, die der anfangs etwas spöttisch beschworene Zeitgeist vielleicht doch mit sich bringen könnte, obwohl sie alles andere als neu ist. „Ich weiß, daß ich nichts weiß“, soll schon Aristoteles gesagt haben. Dieses bewußte Nichtwissen ist aber alles andere als ein Grund, nichts wissen zu wollen. Es entmutigt keineswegs, sondern fordert heraus. Darüber hinaus mahnt es aber Bescheidenheit an und rückt das Bild von uns und der Welt, in der wir leben, zurecht, deren Wunder nach wie vor entdeckt und erlebt – und natürlich erforscht und beschrieben – werden wollen. In diesem Sinne verstehen wir auch den vorliegenden Band unserer „Geschichten“ und wünschen unseren Lesern viel Freude damit.

Karl-Heinz Preuß und Rolf H. Simen
Redaktion Deutscher Forschungsdienst

GESCHICHTEN, DIE DIE FORSCHUNG SCHREIBT

REISEN IN DIE FERNE VERGANGENHEIT

Von unmöglichen Römerlagern und karthagischen Kochtöpfen

Blankes Entsetzen herrschte in Rom im Jahre 9 über eine katastrophale Niederlage des eigenen Militärs, das bis dahin als unschlagbar gegolten hatte. Von dem Gaufürsten Arminius in einen Hinterhalt gelockt, waren in Germanien unter Publius Quinctilius Varus rund 30 000 Legionäre samt ihren Hilfstruppen verblutet. Roms Kaiser Augustus erfaßte tiefe Trauer, und er ließ sich lange Haare und einen Bart wachsen. Doch der Ort der Schmach blieb lange vergessen:

Wo Varus fiel und Arminius siegte

Was das Imperium Romanum mit Schmerzen allmählich überwand, hat die Erben der einstigen Sieger bis ins 20. Jahrhundert nicht zur Ruhe kommen lassen. Anfangs suchten Dichter, dann Heimatforscher, Militärs, pensionierte Altphilologen und auch „Spinner“ sowohl am grünen Tisch als auch auf der grünen Heide nach den Örtlichkeiten der berühmten Schlacht.

Nach dem Zweiten Weltkrieg war es der hannoverische Oberstudiendirektor Walter John, der sich um 1950 noch einmal genau mit den Aufzeichnungen des römischen Geschichtsschreibers Tacitus befaßte. Er folgerte daraus, daß man ein Legionslager suchen müsse, das „ehedem von Wald- und Sumpfgelände umgeben war“. Und dies könne nur zwischen Ems und Lippe liegen. Auch eine Auswertung von Luftaufnahmen des Gebietes zwischen Rhein und Elbe der britischen Royal Air Force aus den Jahren 1944/45 blieb ohne Ergebnis.

1956 war es dann der Diplomingenieur Walter Pflug, der die Varusschlacht weiter östlich suchte. In Merseburg, so schrieb er, seien die Römer vernichtend geschlagen worden. In einer überzogenen wortgeschichtlichen Deutung behauptete er zudem, das lateinische Wort „Amisia“ für Ems sei gleichbedeutend mit Merseburg und die „Lupia“, die Lippe, sei in Wahrheit der mitteldeutsche Bach Luppe. Das reichte noch nicht, denn der Regensburger Patentanwalt und Diplomingenieur Wilhelm Langewiesche glaubte 1976 endlich den Durchbruch geschafft zu haben. Im Emmertal an den östlichen Ausläufern des Teutoburger Waldes, in der Nähe des Städtchens Schieder, müsse das Schicksal Varus ereilt haben. Dort verzeichne die Landkarte nämlich einen Hügel, der Varusberg heiße. Übrig blieb schließlich nur ein Ergebnis: Zu Deutschlands berühmtester Schlacht fehlte das Schlachtfeld, das sich allem Spürsinn von Wissenschaft und Technik entzog.

Licht in dieses Dunkel kam erst 1987, als Dr. Wolfgang Schlüter vom Kulturgeschichtlichen Museum Osnabrück 16 Kilometer nordöstlich dieser Stadt zu graben begann. Dabei wurden in der Senke von Kalkriese-Niewedde 162 silberne Denare gefunden. Es waren Münzen mit dem Stempel des Augustus und dem Gegenstempel des Varus. In der Folge förderten die Archäologen zahlreiches römisches Militärmaterial zutage. Damals äußerten sich die Fachleute noch sehr vorsichtig zum Ort der Varusschlacht, bis dann Schlüter 1992 in einer abschließenden Fachveröffentlichung sehr viel konkreter wurde und darin vermerkte: „Eine Verknüpfung der archäologischen Befunde von Kalkriese und Niewedde mit den historisch überlieferten militärischen Ereignissen des Jahres 9 n. Chr. kann als wahrscheinlich erachtet werden."

Wenn in der Senke von Kalkriese-Niewedde die Varusschlacht also tatsächlich ausgefochten worden ist, dann war der Ort von Arminius, den die Deutschen Hermann nannten und der tatsächlich wohl – nach den Forschungsergebnissen von Professor Norbert Wagner an der Universität Würzburg – Herminjas hieß, meisterhaft ausgewählt. Es ist ein sechs Kilometer langer Engpaß in West-Ost-Richtung zwischen dem 120 Meter hohen Kalkrieser Berg im Süden und dem Großen Moor im Norden. In der Mitte ist dieser „Durchlaß" nur einen und an den Enden zweieinhalb Kilometer breit. Genau auf diesem schmalen und damit teuflischen Geländestreifen marschierten die Römer in ihr Unglück.

Die militärischen Fundstücke belegen eindeutig die Anwesenheit römischer Heereseinheiten, wobei ein Teil dieser Truppen aus Legionen bestand. Bestätigt wird diese Auffassung „durch Inschriften auf der Schließe eines Kettenhemdes, die die Anwesenheit der Kerntruppe einer Legion wahrscheinlich machen“. Außerdem fanden die Archäologen Waffen, und zwar vor allem Schleudern der nichtrömischen Hilfstruppe, der Auxilia, sowie verschiedene Hinterlassenschaften von Kavallerieeinheiten und Abteilungen, die für die Verwaltung und die technische Versorgung der Truppe verantwortlich waren: von Ärzten, Sanitätern, Schreibern, Vermessungstechnikern, Handwerkern und Troßknechten.

Die im Hinterhalt lauernden Germanen hatten am Hang eine zum Engpaß gleichlaufende Rasensodenmauer von 200 Meter Länge aufgebaut, von der aus sie die vorbeiziehenden Legionen, zwischen Moor und Berg eingekeilt, angreifen konnten. Schlüter vermutet, daß es mehrere dieser Rasensodenmauern entlang der Senke gegeben hat, von wo aus die Krieger des Arminius den Römern „zermürbende Defileegefechte“ lieferten. Darauf verwiesen auch die an dieser Stelle entdeckten militärischen Ausrüstungsgegenstände.

Von großem Interesse für die Archäologen ist auch ein durch Luftaufnahmen nachgewiesenes dreifaches Grabensystem in nur acht Kilometer Entfernung vom Ausgrabungsort. Dies könnte möglicherweise, so meint Schlüter, auf ein römisches Marschlager hinweisen. Dies gäbe dann einen Hinweis auf die letzte Route der Legionen des Varus in den Hinterhalt.

Gottlieb Öchsle

Nicht nur mit der Varusschlacht verbindet sich eine Rätselgeschichte. Aus der Zeit des Augustus stammt auch ein römisches Lager, dessen Spuren im unterfränkischen Marktbreit aufgedeckt wurden und damit an einem Ort, wo es dieses Lager eigentlich gar nicht geben dürfte. Denn dort lag es einst tief im Gebiet der Germanen, was zumindest auf den ersten Blick recht widersinnig erscheint:

Ein Römerlager am falschen Ort

Im Juli 1985 zog der Luftbildarchäologe Otto Braasch über dem Main in der Gegend von Marktbreit im Flugzeug seine Kreise. Dabei entdeckte er plötzlich Verfärbungen in einigen Getreidefeldern auf dem Kapellenberg. Er fotografierte sie und ließ die Luftbilder im Bayerischen Landesamt für Denkmalpflege in München auswerten. Die Fachleute staunten nicht schlecht, als sie diese Aufnahmen sahen: Braasch hatte etwas aufgefunden, was es dort – einst tief im Gebiet der Germanen – gar nicht hätte geben dürfen: ein römisches Lager.

1986 begannen dort unter Leitung von Dr. Martin Pietsch die Ausgrabungen und bestätigten, daß es sich dabei tatsächlich um ein Feldlager aus der Zeit des Augustus handelt. Es war 760 mal 480 Meter groß und hatte eine Innenfläche, die etwa 50 Fußballfeldern entspricht. Errichtet worden war es damals aus Eichenholzbauten. Dieses „Castra von Marktbreit" hatte die in der augusteischen Zeit typischen abgerundeten Wallecken und etwa drei Meter tiefe Doppelgräben. Dahinter lag eine 2,80 Meter breite Erdmauer, die an der Vorder- und Rückseite mit über drei Meter hohen Palisaden gesäumt war. Im Unterschied zu anderen Legionslagern erwies sich Marktbreit aber als äußerst fundarm. Die Archäologen bargen lediglich Werkzeuge für die Bearbeitung von Holz, Münzen und Keramik sowie eine 36 Zentimeter lange germanische Lanzenspitze: ein Beleg, daß in dem Lager auch germanische Hilfskräfte eingesetzt waren. Je länger aber die Archäologen das Castra ausgruben, desto merkwürdiger wurden ihre Befunde: Sie fanden kaum benutzte Wirtschaftsräume, ein Offiziersgebäude, das zusammengebrochen und nie repariert worden war, und eine leere Latrinengrube.

Heute weiß Pietsch, daß dieses Lager für etwa 12 000 Legionäre geplant und teilweise ausgebaut worden war. Allem Anschein nach war es eine kurze Zeit von Truppen belegt. Nach wenigen Jahren, wenn nicht sogar nur Monaten, muß seine Besatzung abgezogen sein und alles angezündet haben. Das belegen eindrucksvoll verkohltes Holz und feuergeröteter Lehm im Lagergelände. Das erklärt auch die nur spärlichen Funde, denn bei einem geplanten Rückzug wurde zu Römerzeiten alles mitgenommen, was nicht niet- und nagelfest war.

Die auf Münz- und Tonscherbenfunden beruhende Altersbestimmung des Lagers macht die Zuordnung zu einer ganz bestimmten Epoche der römisch-germanischen Beziehungen möglich. Was die Geschichtsquellen lehren, wurde plötzlich sichtbar: Es war der von den Römern geplante Krieg gegen die Markomannen und ihren König Marbod. Das Castra Marktbreit, das mit großem Aufwand tief in Germanien errichtet worden war, diente der Bereitstellung von Truppen und war als Nachschub- und Auffanglager in der Etappe gedacht.

Die Markomannen waren um 9 v. Chr. unter römischem Druck aus dem Maingebiet in das mittlere Elbtal nach Böhmen ausgewandert, wo Marbod einen gut organisierten Staat nach römischem Vorbild aufzubauen begann, was wiederum die Römer sehr beunruhigte. Im Jahre 6 n. Chr. war es dann soweit: Der Stiefsohn von Augustus, der spätere Kaiser Tiberius, wollte in einer riesigen Zangenbewegung dem Markomannenreich den Garaus machen. Nach dem Motto „Getrennt marschieren – vereint schlagen“ stießen von der Donau unter Tiberius und vom mittleren Rhein bei Mainz unter dem Kommando des Legaten Gnaeus Sentius Saturnius acht Legionen nach Böhmen vor – und in dieser Zeit wurde das Castra von Marktbreit gebaut.

Als der Krieg begann, bildete das Maintal die militärische Verbindungslinie zwischen Mainz und der Grenze Böhmens; so weit hatte sich die Vorhut des Saturnius bereits voranbewegt. Doch: Tiberius und Saturnius mußten ihr Vorhaben abrupt abbrechen, denn auf dem Balkan bedrohten schwere Aufstände der Illyrer das Imperium. Das plötzliche Kriegsende erklärt jetzt die kurze Verweildauer in und den raschen Abzug der Legionen aus Marktbreit, Tiberius schloß nämlich sehr schnell Frieden mit den Markomannen und verlieh Marbod den Ehrentitel „Freund des römischen Volkes". So charmant konnten Roms Politiker sein.

Gottlieb Öchsle

Für Germanen und Römer muß der Limes einst ein wahres Wunderwerk gewesen sein. Mehr als 500 Kilometer lang zog sich diese aus Holzpfählen oder Steinquadern errichtete Grenzanlage von Andernach am Rhein bis fast vor die Tore von Regensburg. Sechzig große Kastelle, mehr als 900 Wachtürme und zahlreiche Feldwachen zählten zu diesem antiken Pfahl- und Mauermonster, das aber dennoch kein militärisches Bollwerk gegen das freie Germanien war, wie lange angenommen wurde:

Kein Eiserner Vorhang der Römer

Angesichts der Größe der Gesamtanlage verwundert es nicht, daß gleich mehrere römische Kaiser ihre Legionen am Bau dieses Grenzsystems schuften und – je nach der politischen Lage – es auch immer wieder verändern ließen. Die Geschichte des Limes begann mit dem Bau einer Reihe von Kastellen am Oberrhein und an der Donau. Kaiser Domitian verschob ihn dann im Jahre 85 bis an den Neckar, und Kaiser Trajan (98-117) ergänzte ihn und ließ den Odenwald-Limes als eine Kette aus Wachtürmen und Kleinkastellen bauen. Um die Mitte des zweiten Jahrhunderts verrückten die Römer den Neckar-Odenwald-Limes 30 Kilometer nach Osten auf eine Linie zwischen Miltenberg am Main und Lorch, östlich von Stuttgart.

Ein regelrechtes Limes-Fieber brach aber erst zu Beginn des 19. Jahrhunderts aus. Damals gruben historische Vereine – der erste war der Verein für Altertumskunde im württembergischen Ellwangen – mit viel Idealismus die Überreste von Kastellen aus und veröffentlichten ihre Entdeckungen und Erkenntnisse. In der zweiten Hälfte des vorigen Jahrhunderts griffen dann die deutschen Landesregierungen in die Limesforschung ein, finanzierten weitere Ausgrabungen und riefen regionale Limes-Kommissionen ins Leben. Diese „Welle" schwappte derart hoch, daß der weltberühmte Althistoriker und Römerfachmann Professor Theodor Mommsen beklagte, daß es inzwischen „so viele Limes-Litteraturen wie ... betheiligte Staaten giebt". Er schlug deshalb vor, die Forschungen am Limes doch endlich einer nationalen Kommission von Fachleuten zu übertragen. Der Reichstag von Berlin genehmigte schließlich im Januar 1892 die notwendigen Gelder für eine „Reichs-Limes-Kommission", deren Vorsitz zunächst Mommsen übernahm. Im Juni desselben Jahres tagte die neue Kommission erstmals in Heidelberg, wo sich Archäologen, Historiker, Heimatforscher und altgediente Offiziere versammelten. Ihr Ziel war „die Erforschung des Limes", die Veröffentlichung der Forschungsergebnisse – und die Unterrichtung des Reichskanzlers.

Aber die Kanzler des Reiches kamen und gingen, nicht immer zum Wohl des Reiches und der Limesforschung. Rund 40 Jahre nach der Gründung der Reichs-Limes-Kommission drohte ihr auch schon das Ende: In Deutschland waren die Nationalsozialisten an der Macht, und die hatten mehr für die Germanen übrig als für die Monumente der Römer. Damals kam die Forschung im Gelände fast völlig zum Erliegen, die Veröffentlichungen über den Limes wurden immer spärlicher und hörten schließlich auf. 1939 war es dann soweit: Der damalige Minister für Wissenschaft, Erziehung und Volksbildung löste im Oktober die Kommission auf, die Vorbildliches geleistet hatte.

Nach dem Zweiten Weltkrieg ging es mit der Limesforschung nur langsam wieder aufwärts. Erste größere Grabungen betrieben die Römisch-Germanische Kommission und das Saalburg-Museum in Bad Homburg, unterstützt von der Deutschen Forschungsgemeinschaft. In den sechziger Jahren unter-

suchten die Archäologen besonders die Kastelle im Hinterland des Limes, und in den achtziger Jahren begann das Landesdenkmalamt Baden-Württemberg mit der Erforschung der römischen Zivilsiedlungen.

Inzwischen hatte aber auch der Zahn der Zeit weitere Spuren an den Überresten des Limes hinterlassen. Denn auf den meisten landwirtschaftlich genutzten Flächen sind die noch bis vor wenigen Jahrzehnten gut zu sehenden Spuren der Wälle, Gräben und Mauern ebenso verschwunden wie viele der Plätze einstiger Kastelle oder Wachtürme. Die „Häuslebauer“ und die intensive Landwirtschaft haben zahlreiche römische Monumente entlang des Limes endgültig zerstört.

Die Limesforschung hat im Laufe der Jahrzehnte aber auch mit einigen Fehldeutungen zu Sinn und Zweck der Anlage aufgeräumt: Heute weiß man, daß der Limes keine Verteidigungsanlage, keine Maginot-Linie und kein Eiserner Vorhang war wie der Hadrianswall zwischen England und Schottland, sondern lediglich eine Demarkationslinie zwischen dem Römischen Reich und den germanischen Barbaren. Ihre Aufgabe bestand in der Kontrolle des Waren- und Personenverkehrs. Allein schon die Trassenführung des Limes würde heute einem Militärfachmann graue Haare wachsen lassen, denn viele Streckenabschnitte konnten von den Wachmannschaften gar nicht eingesehen werden, und bedingt durch tote Winkel war dazu noch vielerorts das Vorgelände für Wurf- und Schußwaffen unerreichbar. Selbst die einst zwei Meter hohe rätische Mauer zwischen Lorch und Eining bei Regensburg war nur ein „Papiertiger“: Ihr fehlte ein Wehrgang, von dem aus man sie hätte verteidigen können. Palisaden und Steinmauern waren nur ein Annäherungshindernis, das ein Überschreiten der Grenze zwar erschweren, doch nicht verhindern konnte.

Dies merkten schließlich auch die Germanen und stürmten im dritten Jahrhundert in mehreren Angriffswellen das vermeintliche Bollwerk. Wie plötzlich und verheerend der Sturm der Alemannen war, entdeckten die Archäologen im bayerischen Kastell Pfünz: In der Ecke des Lagermittelgebäudes fanden sie eine Eisenkette mit einem Ring, in dem noch die Unterschenkelknochen eines Gefangenen steckten. Der Unglückliche hatte sich bei einem germanischen Angriff nicht mehr retten können und war verbrannt.

Gottlieb Öchsle

Quart-Hadascht und damit schlichtweg Neustadt nannte die phönizische Königstochter Dido-Elissa aus Tyros um 814/13 v. Chr. ihre Neugründung am Golf von Tunis, die als Karthago in die Geschichte eingegangen ist. 146 v. Chr. unterlag diese Großstadt der kühnen Seefahrer, Entdecker und Kaufleute der Übermacht Roms nach dreijähriger Belagerung. Sie wurde am Vorabend des Festes für Demeter, die griechische Göttin des Ackerbaus, von den Truppen des Publius Cornelius Scipio erstürmt und ging in einem Flammenmeer unter – doch:

Karthago ist nicht ausgelöscht

Unter der verglühenden Aschenschicht und der Verfluchung des gesamten Bodens durch die römische Siegermacht glaubte man damals selbst die Erinnerung an diese Stadt vernichtet zu haben. Zwar wurde der Fluch über das vier Generationen lang brachliegende Gelände 29 v. Chr. von Kaiser Augustus feierlich wieder aufgehoben und darauf die römische Provinzstadt Colonia Concordia Julia Carthago gegründet und aufgebaut, doch war auch diese Stadt im Laufe der Jahrhunderte immer wieder Angriffen ausgesetzt und ließ zuletzt „nicht einmal mehr Spuren von Ruinen erkennen“, wie der nordafrikanische Chronist Ibn Khaldoun im 14. Jahrhundert schrieb.

Daß eine Stadt jedoch im wahrsten Sinne des Wortes nicht vom Erdboden getilgt werden kann und beharrliche Anstrengungen irgendwelche Spuren der Altstadt wiederfinden lassen müßten – mit dieser Überzeugung schlug der erste Ausgräber von Karthago, der französische Altertumsforscher Charles E. Beulé, 1861 engagiert und auf eigene Kosten seine Hacke in tunesischen Boden. Seine Erwartungen wurden zwar enttäuscht, aber seine damalige Überzeugung gilt noch heute als Leitmotiv für eine neue Grabung, die im Herbst 1992 unter Leitung von Professor Friedrich Rakob vom Deutschen Archäologischen Institut in Rom begonnen wurde.

Um in dem heute dichtbesiedelten Villenvorort von Tunis, unter dem die antike Neustadt liegt, sieben bis acht Meter durch Siedlungsschichten der Byzantiner, Vandalen und Römern bis zu den Phöniziern durchzudringen, entschloß man sich bei dieser Kampagne zur Anlage einer Reihe von Suchschächten in ehemaligen römischen Straßenschneisen. Durch diese Sondierung zeichnete sich nicht nur der bisher unbekannte Umfang der archaischen Stadt ab, sondern wurden auch Spuren eines frühen Industriegürtels mit Resten von metallverarbeitenden Werkstätten und Töpferofenvierteln sowie Friedhöfe aufgedeckt. Mit einer Ausdehnung über etwa 50 Hektar ist dies nach Rakob „die bisher größte im westlichen Mittelmeer bekannte archaische Siedlungsfläche".

Dem Beginn römischer Neubautätigkeit nach mehr als einem Jahrhundert des Stillstands war jedoch nachweisbar eine gründliche Sichtung des gewaltigen Trümmerbestandes vorausgegangen, zumal neue schwere Quader nur per Schiff vom gegenüberliegenden Cap Bon aus den antiken Steinbrüchen der Karthager herbeigeschafft werden konnten. Zur Wiederverwendung ungeeignet, verschwanden verzierte Säulenbruchstücke (Kapitellfragmente) in den Auffüllungen. Menge und Qualität der teils gut erhaltenen Stücke aus dem Zerstörungsschutt waren so vielversprechend, daß die Erkundung auf eine auf 1 000 Quadratmeter erweiterte Flächengrabung ausgedehnt wurde.

Dabei schien sich die Gewißheit abzuzeichnen, unter monumentalen römischen Fundamentmauern, die bis zu neun Meter tief in den Boden reichten, auf sichtbare Spuren des bisher nur aus der antiken Literatur bekannten Tempels von Karthago zu stoßen, der später als Apollo-Tempel bezeichnet wurde – nach einem antiken Gott, dessen Macht und Kompetenz für die Karthager wohl „Unheilabwender" bedeutet haben mag, wie sie es von ihrem Götterpaar Baal und Tanit (Tinnit) erflehten. Weihedenkmäler (Votivstelen) für diese Hauptgötter – 3 000 an der Zahl – wurden 1874 bei einer französischen Stollengrabung nahe der jüngsten Grabung in einer Art Depot für Heiligtümer entdeckt. Allerdings blieben davon nur wenige erhalten, da das mit 2 088 Stück von ihnen für Frankreich beladene Schiff im Hafen von Toulon explodierte.

Qualität und gestalterische Vielfalt der mit weißem Marmorstuck überzogenen Tempeltrümmer sind bisher in der karthagischen Architektur ohne Vergleich. Neben dorischen Kapitellen fand man ein prachtvolles äolisches Eckkapitell, wie es damals fast ausschließlich für den sakralen Bereich und für Grabstätten bestimmt war. In sakrale Richtung weisen auch kultische Räuchergefäße und Bronzefragmente, vielleicht von den Seitenteilen eines Throns, sowie ein Falkenkopf aus Elfenbein, vor allem aber eine ungewöhnliche Ansammlung von mehr als 3 500 Tonsiegeln: Es sind die Überreste eines im Zerstörungsfeuer vernichteten Papyrusarchivs. Zwar sind die Schriftrollen verbrannt, die tönernen Siegel aber durch die Hitze für Jahrtausende gehärtet, so daß man auf der Rückseite noch den Abdruck des Bindfadens erkennen kann. Neben Abbildungen aus der Zeit des ägyptischen Pharao Thutmosis III. (1490–1436 v. Chr.) und zahlreichen authentischen Königssiegeln aus der Hyksos-Epoche, der asiatischen Eroberer Ägyptens (1650–1550 v. Chr.), liegen 1200 verschiedenartige Gemmenabdrucke aus vorhellenistischer Zeit (Hellenismus: etwa 332–30 v. Chr.). Dieser Fund wird als ein „kostbares, bisher einzigartiges Zeugnis punischer (karthagischer), an Ägypten orientierter Tempelwirtschaft“ angesehen.

Eine völlig überraschende Entdeckung der Grabung von 1992 ist auch die bisher erste antike Leiche Karthagos: das Skelett eines fast zwei Meter großen Manns, der anscheinend auf dem Tempelhof von herabstürzendem Gebälk begraben wurde. Die unzähligen Opfer aus dem Endkampf sind nach Meinung der Archäologen während der ersten römischen Baumaßnahmen geborgen und vielleicht an einer noch unbekannten Stelle bestattet worden.

Noch während der Grabung nach dem gesuchten Tempel ließ sich aus den gestaffelten römischen Bebauungsphasen erkennen, daß hier eine der größten Marktbasiliken der römischen Welt gestanden hat, die später zur größten Kirche Karthagos umgestaltet wurde. Im Schutz dieser breiten römischen Fundamentzüge sind Quaderreihen des gesuchten Heiligtums erhalten geblieben und nun deutlich sichtbar. Aus ihnen läßt sich der Grundriß des Gebäudes zumindest rechnerisch rekonstruieren. Seine Gesamtlänge wird sich allerdings nicht mehr ermitteln lassen, da moderne Villen und Gärten eine Erweiterung der Grabung ausschließen. Doch zeichnet sich schon jetzt klar ab, daß „noch nie im Bereich der punisch-phönizischen Architektur ein Heiligtum dieser Größenordnung" gefunden worden ist.

Dr. Gisela Reinhardt-Reuter

Daß die Karthager nicht nur kühne Seefahrer waren, sondern auch als Tierzüchter eine herausragende Rolle im Mittelmeerraum spielten, überrascht nur auf den ersten Blick. Denn auf ihren Schiffsrouten kamen sie auch mit den Hochkulturen des Orients in Berührung und erwarben dort wertvolles Know-how. Aus einem Puzzle aus rund 10 000 Knochen dieser Stadt ist die Art ihrer Fleischversorgung rekonstruiert worden, bei der auch Elefanten von der Speisekarte nicht ausgeschlossen waren:

Ein Blick in Karthagos Kochtöpfe

Heute ist Karthago ein antikes Trümmerfeld, eine S-Bahnstation im Umkreis von Tunis und das Wohngebiet der tunesischen Schickeria. An dieser Stätte begannen im Rahmen einer Kampagne der Organisation der Vereinten Nationen für Erziehung, Wissenschaft und Kultur (UNESCO) ab 1974 auch deutsche Archäologen zu graben und die Bestandteile des genannten „Knochenpuzzles" zu bergen, das Professor Günter Nobis, damals Leiter des Zoologischen Forschungsinstituts und Museums Alexander Koenig in Bonn, dann während mehrerer Forschungsaufenthalte in Karthago zusammengesetzt hat, wobei ihn vor allem die Art der Fleischversorgung der antiken Stadt interessierte.

Die ältesten der Knochenfunde stammen aus der Zeit der Gründung der „ersten“ Stadt durch die phönizische Prinzessin Dido-Elissa, also aus dem 8. bis 6. vorchristlichen Jahrhundert, die jüngsten aus der Mitte des 5. Jahrhunderts und damit aus jenem Karthago, das die Römer rund 100 Jahre nach der Zerstörung des alten Karthago auf dessen Trümmern aufgebaut hatten. Diese Stadt, zuvor von Byzanz erobert, ist dann Mitte des 5. Jahrhunderts von den Arabern zerstört worden. Was ihre Wirtschaftstiere anbelangt, so schrieb Nobis in einem Fachaufsatz, daß es sich dabei bereits in den Jahren der (ersten) Stadtgründung) überwiegend um große und mittelgroße Rinder mit großen Hornzapfen gehandelt hat, „deren Oberflächen teilweise stark gefurcht waren, was auf alte Tiere hindeutet, die lange im Arbeitseinsatz vor Wagen und Pflug waren“. Weil die Punier lange Zeit aber nur kleine Rinder hatten, vermutet Nobis zudem, daß die Karthager große Rinder aus Zypern sowie der Ägäis importiert und dann mit einheimischen Rassen gekreuzt haben. Heute weiß man, daß die Karthager hervorragende Landwirte und Viehzüchter waren, wie römische und griechische Schriftsteller berichteten. In Karthago verfaßte man sogar Landwirtschaftslehrbücher, die später Römer, Griechen und Araber kopierten.

Nach der Zerstörung der Stadt profitierten die Römer von den Fähigkeiten der Punier: Sie begannen, die großen Hochleistungsrinder der einstigen Rivalen zu züchten. In den byzantinischen Schichten Karthagos entdeckten die Archäologen auch Knochen zahlreicher Hunderassen, was sie darauf schließen ließ, daß damals auch neue Hunderassen gezüchtet wurden. Neben Tieren von der Größe heutiger Schäferhunde fanden sich auch Knochen von Zwerghunden, die so groß wie Yorkshire-Terrier gewesen waren. Wie der Bonner Zoologe dazu meint, war diese byzantinische Stadt „ein Zuchtzentrum spätantiker Schoßhunde“. Hausratten allerdings wurden bestimmt nicht gezüchtet, ihre Überreste fanden sich aber in den Schichten aller Epochen; vor allem in der byzantinischen Zeit muß eine regelrechte Rattenplage geherrscht haben.

In der 1500 Jahre umfassenden Analyse der Geschichte der Tierwelt dominieren bei den Knochenfunden die Haustiere: Rinder, Schweine, Schafe und Ziegen. Die Gründerväter Karthagos aßen wie die meisten Semiten zwar kein Schweinefleisch, sehr wohl taten dies jedoch ihre nichtsemitischen Mitbürger. Allein zwei Drittel aller Knochenreste stammen deshalb von Rindern, gefolgt von den kleinen Wiederkäuern und den Schweinen mit nur fünf Prozent. Im 5. bis 2. Jahrhundert v. Chr. tauchte dann mehr Schweinefleisch auf karthagischen Tellern auf, und zwar bis zu 20 Prozent. Im römischen Neu-Karthago vollzog sich eine Revolution in den Kochtöpfen: Schweinefleisch muß damals „in aller Munde" gewesen sein. Es nahm in der Rangfolge den ersten Platz ein, gefolgt von Schaf und Ziege. In der byzantinischen Epoche – es war eine Zeit, in der die Trockenperioden länger wurden – bevorzugten die Züchter die kleinen Wiederkäuer. Damals aß man bevorzugt Schaf- und Ziegenfleisch, wohingegen der Schweinefleischverzehr um die Hälfte abgenommen hatte. In dieser Zeit nahm auch die Haltung von Hühnern zu.

Die Jagd auf Wildsäugetiere spielte in Karthago und seiner Umgebung aber offenbar nur eine untergeordnete Rolle. Lediglich der Savannenhase, der heute in Nordafrika so gut wie ausgerottet ist, war ein bevorzugtes Jagdobjekt. Da es im Nordafrika der Antike noch den kleinwüchsigen Waldelefanten gab, kam, wenn Schmalhans gerade Küchenmeister in Karthago war, neben so manchem Dromedar, so manchem Esel bestimmt auch so mancher Elefant in die Wurstkessel der Familien. Wer, wie der karthagische Feldherr Hannibal, Elefanten quer über die südfranzösischen Alpen getrieben und als Panzer in Schlachten benutzt hat, der ißt in Notzeiten auch einen Dickhäuter. Dafür gibt es Belege: Die Archäologen fanden nämlich im Stadtgebiet aus der Zeit des 1. Jahrhunderts n. Chr. zwei Elefantenskelette.

Gottlieb Öchsle

Seit 1988 graben wieder deutsche Archäologen in Troja. Zwei Münchener Geophysikern gelang dabei eine sensationelle Entdeckung: Sie orteten mit der geomagnetischen Peilung die Mauer der bronzezeitlichen Unterstadt von Troja. Eine Analyse am Computer ergab, daß die ungeheuer dicke Lehmziegelmauer sowie einzelne Gebäude innerhalb der Mauer von einem verheerenden Brand zerstört wurden:

Neue Kunde von Trojas Unterstadt

Die Touristen, die heute den Schutthügel von Troja in der Westtürkei besuchen, sind verwirrt und nicht selten enttäuscht, wenn sie den 200 mal 150 Meter messenden Hügel mit seinen Steinmauern und Gräben sehen. Seine türkische Bezeichnung lautet Hisarlik – was „Hügel mit Burg" heißt. Seine Lage ist strategisch ungeheuer günstig: Von hier aus kann man die Ein- und Ausfahrt zum Schwarzen Meer kontrollieren.

Der griechische Dichter Homer machte das einst so mächtige Troja in seiner „Ilias" etwa 730 v. Chr. weltberühmt, belagerten doch die Griechen zehn Jahre die Stadt am Ausgang der Dardanellen. Als Heinrich Schliemann im August 1868 erstmals auf dem Hisarlik stand, glaubte er das Troja der Antike wiedergefunden zu haben. Seit 1988 graben deutsche Archäologen unter Leitung des Vorgeschichtsforschers Professor Manfred Korfmann von der Universität Tübingen wieder erfolgreich in der berühmten Stadt. 1992 war die 21. Grabungskampagne (seit 1871). Mit den Deutschen arbeitet ein internationales Team von Wissenschaftlern aus acht Nationen.

Heute weiß man, daß Hisarlik nichts anderes als die Akropolis – der Palast-, Tempel- und Burgbezirk – der Stadt Troja war. Die Unterstadt, dort also, wo der kleine Mann wohnte, wo die Handwerker, Kaufleute und Matrosen von Troja lebten, haben die Archäologen noch nicht ausgegraben, obwohl schon Schliemann kurz vor seinem Tod die Ansicht vertrat, daß es eine Siedlung außerhalb des Burgbergs geben müsse.

Auch dort liegen die Siedlungsschichten der verschiedenen Trojas wie in einer Torte übereinander; ganz oben das römische Troja, darunter das hellenistische und noch tiefer die Schichten der bronzezeitlichen Stadt, die aus der Zeit um 1200 v. Chr. stammen. In diesem zeitlichen Bereich hat auch der sagenhafte Trojanische Krieg – wenn überhaupt – stattgefunden. Den Fachleuten jedenfalls ist es bis heute nicht gelungen, den Untergang Trojas mit absoluter Sicherheit zu datieren. Sie meinen aber, daß seine Spuren, sollte es sie geben, in der bronzezeitlichen Siedlungsschicht von Troja VI oder Troja VIIa zu finden sein könnten, die beide von verheerenden Bränden künden. Dieses Ereignis fiele dann in die Epoche der späten Bronzezeit, in der sich im ganzen Ostmittelmeerraum große politische und kulturelle Veränderungen ereigneten. Damals brachen die Reiche der Hethiter in Anatolien zusammen, in Griechenland und Zypern zerfielen die Stadtkulturen, und die sogenannten Seevölker plünderten Ägypten.

Erste Grabungen im Bereich der Außenstadt, vor der Burgmauer, unternahmen nach Schliemann der Deutsche Wilhelm Dörpfeld und in den dreißiger Jahren der Amerikaner Carl Blegen; dieser stieß auf ein verbranntes Haus aus der Bronzezeit etwa 400 Meter vor der Burg und vermutete, daß es eine Art Krematorium sei, weil er in der Nähe einige Brandgräber fand. Mehr Indizien für die Unterstadt der Bronzezeit erbrachte dann Korfmann, der 200 Meter vor der Burgmauer sondierte und verschiedentlich auf Spuren bronzezeitlicher Besiedlung stieß. Demnach lag die Unterstadt von Troja auf einer Geländeerhebung nach Süden, etwa vier Meter über der Ebene. Nur die vermutete Stadtmauer und auch die Ausdehnung der Unterstadt waren bis jetzt noch unbekannt.

Im August 1992 glückte den Geophysikern Dr. Helmut Becker und Jörg Faßbinder vom Landesamt für Denkmalpflege in München, die im Rahmen der Forschungen Korfmanns in Troja gearbeitet haben, eine Sensation: Mit der geomagnetischen Peilung sondierten sie die bronzezeitliche Stadtmauer der Unterstadt, also die Stadtmauer von Troja VI, auf einer Länge von 120 Metern. Sie verläuft 400 Meter südlich der Burgmauer. Demnach war die bronzezeitliche Unterstadt Trojas etwa so groß wie München im 12. Jahrhundert.

Die geomagnetische Peilung mißt die Feldstärken des Erdmagnetismus im Boden, die durch archäologische und auch andere Fremdkörper Schwankungen unterworfen ist. Sie ist imstande, auch kleine Objekte aufzuspüren. Die modernen und hochempfindlichen Cäsium-Magnetometer können heute Fundreste bis zu einer Tiefe von sechs Metern orten. Man tastet dabei das Gelände mit Sensoren ab und speichert die Meßdaten in einem Computer.

In München zurück, übertrug Becker die gewonnenen Daten in einen Bildcomputer, der die Magnetfeldstörungen aus Troja in ein Graustufenbild verwandelte, das wie ein Schwarzweißfoto aussieht. Dabei wurden die Meßpunkte im Gelände zu Bildpunkten, die je nach der Größe des gemessenen magnetischen Störwertes unterschiedlich grau ausfielen. Je größer die Störung, desto stärker fiel die Schwärzung aus. Das alles wird dann als detailliertes digitales Bild so ähnlich aufgebaut wie die Wiedergabe eines Fotos in einer Tageszeitung in Rasterpunkten, die man mit der Lupe deutlich erkennen kann.

Als oberste Schicht zeichnete der Bildcomputer in München deutlich die rechtwinkligen Straßenzüge des römischen Troja, das im Prinzip wohl aus der Zeit des Kaisers Augustus stammt und bis ins sechste nachchristliche Jahrhundert bestanden hat. Darunter liegt das hellenistische Troja, das zwei oder drei Jahrhunderte davor von Griechen gebaut wurde. Und noch ein Stück tiefer liegt das spätbronzezeitliche Troja mit seiner Stadtmauer, die kapitale Ausmaße zu haben scheint: eine Lehmziegelmauer, die wahrscheinlich auf einem Steinsockel steht und zwischen 3,5 bis vier Meter dick ist. Dazu Becker: „Das ist eine ungeheure Dicke. Ich glaube, daß mit dieser Protz-Mauer von den Bewohnern Macht demonstriert wurde."

Allem Anschein nach wurde die Stadtmauer, die heute zwei und drei Meter unter der Erde liegt, durch eine Brandkatastrophe zerstört. „Ich habe den Eindruck, daß der Computer uns dazu noch Spuren verbrannter Häuser zeigt", vermutet Becker. Dieser Befund deckt sich mit den Brandschichten im Burgberg von Troja. Ob diese trojanische Zerstörung allerdings tatsächlich die Folge eines Kriegs oder zum Beispiel „nur" eines Erdbebens war, kann erst die Grabung vor Ort aufdecken. Die Frage, ob der Trojanische Krieg nun wirklich stattgefunden hat, ist wieder einmal vertagt.

Gottlieb Öchsle

Wie die sprichwörtlichen Biber müssen die Steinmetzen der altägyptischen Pharaonen einst geschuftet haben, doch nicht etwa in einer wohltuend feuchten Umgebung, sondern in der sengenden Hitze des Niltals. Dort brachen und bearbeiteten sie den harten Granit von Assuan mit Steinhämmern. Wie mühsam das war, beweist ein noch unvollendeter Obelisk von fast 42 Meter Höhe und 1 000 Tonnen Gewicht, an dem wohl fast ein Jahr gehämmert worden ist:

Altägyptisch „auf Granit gebissen"

In einer Zeit, in der Steinsägen, Preßluftbohrer und Sprengstoffe wie Dynamit zum selbstverständlichen Handwerkszeug der Steinhauer gehören, kann man sich kaum mehr vorstellen, wie mühsam das Steinbrechen in der Antike war. Nach rund einem Jahrzehnt Feldforschung vor Ort und dem Besuch von mehr als 400 Steinbrüchen haben die Ägyptologin Rosemarie Klemm und der Geologe Professor Dietrich Klemm an der Universität München nun aber auch dieses Kapitel der Geschichte sozusagen „wiederbelebt" und anschaulich gemacht, in der auch ein technischer „Entwicklungssprung" zu verzeichnen ist.

Denn „zunächst" hatten es die Steinhauer der Pharaonen verhältnismäßig leicht, als Kalk- und Sandstein noch Konjunktur hatten. Denn diese Gesteine waren mit einem metallenen Spitzmeißel leicht abzubauen und in Werksteinform zu bringen. Diese Technik mußte aber versagen, als in der Mitte des 3. Jahrtausends v. Chr. unter Pharao Radjedef, dem Nachfolger Cheops, die Produktion granitener Bausteine in großem Stil begann, weil diese vor allem als Verkleidungsmaterial im Pyramidenbau eingesetzt wurden. Seinen Höhepunkt erreichte dieses Bauen mit Granit unter Radjedefs direkten Nachfolgern Chefren und Mykerinos. Damals wurden für Tempel und Pyramiden geradezu ungeheure Mengen von Granit von den ägyptischen Handwerkern verarbeitet. Wie Fachleute errechnet haben, wurden etwa 45 000 Kubikmeter des harten Gesteins verbaut, was etwa 100 000 Kubikmeter an Rohmaterial entsprechen dürfte.

Dafür entwickelten die Ägypter sowohl ein neues Werkzeug als auch eine neue Technik, es einzusetzen. Das Werkzeug war ein richtiger Hammer, allerdings aus einem basaltischen Gestein, dem scharfkantig brechenden Dolerit, der in Stückgrößen von bis zu fünf Kilogramm gebrochen wurde. Die neue Technik bestand nun darin, mit den scharfen Kanten dieser Hämmer feine Splitter von der Oberfläche des granitenen Werkstücks abzutrennen – oder diese in einer anderen Verfahrensweise auch direkt durch das Gewicht des auftreffenden Hammers zu zermahlen. „Auf diese Weise läßt sich ein Werkstück sehr materialschonend Schicht um Schicht bis zur gewünschten Form gestalten“, berichteten die Forscher.

Wenn die Dolerithämmer dabei selbst zersplitterten, was nicht selten war, benutzten die Arbeiter ihre Reste zur Glättung von zuvor nur grob behauenen Granitoberflächen. Als Polier- und Schleifmittel wurde zudem mit Wasser aufgeschwemmter Quarzsand eingesetzt, der ebenfalls aus der Gegend von Assuan stammte, in der auch der unvollendete Riesenobelisk gefunden wurde. Dieser wurde wahrscheinlich in der ersten Hälfte des 15. Jahrhunderts v. Chr., der Zeit der Königin Hatschepsut und des Tutmosis III., „in Angriff“ genommen. Fertiggestellt hätte er mit einem Gewicht von rund 1 100 Tonnen etwa soviel auf die Waage gebracht wie 180 Elefanten.

Wissenschaftler haben ermittelt, daß an diesem Obelisken pro Schicht ungefähr 130 Steinmetzen gearbeitet haben dürften. Dabei hat jeder dieser Arbeiter in der Minute etwa zwölf Kubikzentimeter Granit abgeschlagen, während eines Arbeitstages also rund sechs Liter. Zumindest theoretisch macht das in einem Arbeitsjahr etwa 1,8 Kubikmeter aus. Die Fachleute haben so auch ausgerechnet, daß in dem unvollendeten Obelisken bereits zwischen acht und zwölf Monate Arbeit stecken könnten, was sich auch mit den Angaben in altägyptischen Berichten ungefähr deckt. Normalerweise dürfte es etwa sieben bis zehn Monate von der Fertigstellung eines großen Obelisken im Steinbruch bis zu seiner Aufstellung im Tempelbereich gedauert haben.

Die Werkblöcke für ihre Pyramiden und Tempel gewannen die Ägypter in der Regel aus kugel- oder linsenförmigen Granitklötzen, die frei im Gelände wie „Wollsäcke“ herumliegen. Man spricht deshalb auch von „Wollsackblöcken“. Mit der Steinhammertechnik befreiten sie diese zunächst von ihrer – für Granit typischen – Verwitterungsrinde und formten dann mit dem Dolerithammer das gewünschte Werkstück aus, das dann häufig über Rampen zum nahen Nil bewegt und auf ein Schiff verladen wurde.

Gottlieb Öchsle

Sichtlich zufrieden mit dem Jagdglück kehrten die Neandertaler einst nach entsprechend erfolgreicher Jagd zu ihren Frauen und Kindern zurück. Sie schleppten auf langen Holzstangen, die jeweils von zwei Männern geschultert wurden, große Teile ihrer Beute zu ihren Hütten. Nach dem Verzehr des am Spieß gebratenen Fleisches lagen die Jäger und ihr Anhang aber keineswegs faul auf der Bärenhaut. Nun standen Musik und Tanz auf dem Programm:

Das frühe „Gottesgeschenk" Musik

Bei solchen Freudenfesten ließ wohl ein Mann aus der Sippe ein länglich-ovales Schwirrgerät in der Luft kreisen und erzeugte damit summende Töne, die den Männern und Frauen in die Glieder fuhren. Es dauerte nicht lange, und der ganze Clan umkreiste wild mit den Beinen stampfend und mit hochgereckten Armen den Musikanten. So jedenfalls stellt sich der Mainzer Wissenschaftspublizist Ernst Probst die Anfänge von Musik und Tanz in seinem Buch „Rekorde der Urzeit" vor. Demnach sind vor etwa 115 000 bis 35 000 Jahren die sogenannten späten Neandertaler die ersten Musikanten und Tänzer in der inzwischen vier Millionen Jahre alten Geschichte der Menschheit gewesen.

Als Beweis für die Musikalität der späten Neandertaler gelten gerade diese Schwirrgeräte. Solche Instrumente, mit denen man einen in der Tonhöhe wechselnden Klang erzeugen kann, wurden noch in historischer Zeit von den Ureinwohnern Australiens, Melanesiens, Afrikas und Südamerikas vor allem als Kultobjekte benutzt. Ihren Überlieferungen zufolge soll das Schwirrgerät in der Urzeit der Menschheit von einem sagenhaften Wesen geschaffen worden sein, als dessen Stimme es galt.

Weitere Musikinstrumente der späten Neandertaler waren Höhlenbärenknochen, die so bearbeitet wurden, daß man damit musizieren konnte. Vielleicht schwang beim Blasen auf die in die Knochen gebohrten Löcher oder beim Aufeinanderschlagen zweier dieser Instrumente der Respekt mit, den die Neandertaler vor diesem Tier hatten. Denn die Jagd auf Höhlenbären war gefährlich.

Auch das vor 35 000 bis 10 000 Jahren in Europa auf die späten Neandertaler folgende Menschengeschlecht mochte auf Musik und Tanz nicht verzichten. Sie bliesen knöcherne Flöten, wie Funde in Lespaux und Pair-non-Pair in Frankreich sowie in Istállóskö in Ungarn beweisen. Umstritten ist allerdings, ob die frühesten Knochenpfeifen als Musik- oder nur Signalinstrumente dienten. Der mit ihnen erzeugte schrille Pfeifton konnte entweder beim Tanz den Rhythmus oder bei der Jagd verschiedene Signale geben. Derartige Knochenpfeifen hat man beispielsweise in der Steinbockhöhle bei Peggau in der österreichischen Steiermark und in der Gudenushöhle in Niederösterreich geborgen. Sie stammen aus der Zeit vor mehr als 11 500 Jahren, als die Jagd auf Rentiere und Wildpferde eine wichtige Rolle spielte.

In der Zeit vor etwa 18 000 bis 11 500 Jahren haben Menschen in französischen Höhlen die ältesten Tanzspuren hinterlassen, so in der Niaux-Höhle bei Tarascon und in der schlauchartigen Höhle von Tuc d'Audobert im Department Ariège. Es sind Fußabdrücke, die von kultischen Tänzen herrühren, möglicherweise von Jugendlichen, die bei den sogenannten Initiationsriten tanzten, bei denen junge Menschen in den Kreis der Erwachsenen aufgenommen wurden. Höhlen mit Kunstwerken wie jene bei Tarascon oder Tuc d'Audobert dienten damals als Heiligtümer für mancherlei Zeremonien.

Tanz wird auch durch Darstellungen aus der Zeit vor mehr als 11 500 Jahren belegt. Dazu gehören Ritzbilder auf Schieferplatten in Gönnersdorf bei Neuwied in Rheinland-Pfalz und auf einem Geröll einer zur „Teufelsbrücke" eingestürzten Höhle bei Saalfeld in Thüringen. Die Gönnersdorfer Funde zeigen hintereinander aufgereihte Frauen, das Geröll von der Teufelsbrücke dagegen tanzende Männer.

Die älteste Trompete dürfte vor mehr als 7 000 Jahren in Deutschland geblasen worden sein. Sie wurde auf dem Berg Ösel südlich von Wolfenbüttel entdeckt und besteht aus einer 25,8 Zentimeter langen und 12,8 Zentimeter hohen Muschel

aus dem Mittelmeerraum, deren Herkunft auf Tauschgeschäfte über große Entfernungen hindeutet. Die ersten Tontrommeln wurden vor mehr als 5 000 Jahren von Angehörigen einer in Norddeutschland heimischen Kultur geschlagen, die ihre Toten in Großgräbern unter tonnenschweren Steinplatten bestatteten. Diese Menschen formten aus Ton bis zu 30 Zentimeter große hohle Klangkörper, deren oberer Teil mit Tierhäuten bespannt war.

Die frühesten kleinen Orchester spielten vor etwa 5 000 Jahren im alten Ägypten auf. Sie verfügten bereits über Harfen, Flöten, Lauten, Handpauken, Tamburine, Schellen, Doppelflöten, Hackbretter und Handtrommeln. Als erster namentlich bekannter Musiker gilt schließlich der Ägypter Chufuanch, der für Pharao Userkaf vor mehr als 4 440 Jahren so gut Flöte spielte, daß er sein reich ausgestattetes Grab in der Nachbarschaft der Königspyramiden von Gizeh anlegen durfte.

Doris Baumbauer

GESCHICHTEN, DIE DIE FORSCHUNG SCHREIBT

AUS DER WELT DER WORTE

Von der Sprache Christi bis zu den falschen Zungen der Statistik

Es ist inzwischen kein Geheimnis der Orientalistik mehr, daß die Sprache Christi auch heute noch in drei syrischen Dörfern von gerade einmal 5 000 Einwohnern gesprochen wird. Denn zumindest Maᶜlūla, die schönste dieser Ortschaften, die zugleich als schönste in ganz Syrien gilt, wird auch von Touristen besucht, denen diese „Attraktion" nicht verborgen bleibt:

Was von der Sprache Christi geblieben ist

Keine Touristenbusse verirren sich hingegen in die jeweils etwa fünf Kilometer entfernten Nachbarorte Baxᶜa und Dschubbᶜadīn, in denen ebenfalls, wenn auch in zwei abweichenden Dialekten, Neuwestaramäisch gesprochen wird. Denn so nennen Wissenschaftler für semitische Sprachen und Kulturen die Sprache Christi, die sich ausschließlich in diesen drei Dörfern im Qalamūn-Gebirge, etwa 60 Kilometer südlich von Damaskus, gehalten hat.

Diese Sprache hat Professor Otto Jastrow an der Universität Heidelberg zusammen mit seinem fast zwei Jahre „vor Ort" tätigen Fachkollegen Dr. Werner Arnold seit 1988 zum ersten Mal umfassend erforscht und damit auch aus ihrem „Dornröschenschlaf" geweckt. Allerdings sind sich die beiden Semitisten „ziemlich sicher", daß ein Zeitgenosse Christi heute von den Gesprächen der Einwohner dieser drei Dörfer nicht mehr allzuviel verstehen könnte – so wenig wie sich heute ein Deutscher ohne Vorkenntnisse mit dem Althochdeutschen des Jahres 1000 oder gar dem Proto- und Urgermanisch aus der Zeit um Christi Geburt zurechtfinden würde. Der sprachgeschichtliche Zusammenhang zwischen der Sprache Christi und der heutigen Sprache der drei Dörfer im Qalamūn besteht vielmehr in ihrer gemeinsamen Wurzel; beide sind Zweige einer der bedeutendsten Kultursprachen des Orients: des Aramäischen.

Das Aramäische gehört zum semitischen Sprachzweig. Es ist am nächsten mit dem Hebräischen und weniger eng mit dem

Arabischen verwandt und gilt nicht als eine eigenständige Sprache. Es gehört vielmehr zu einer Familie von Sprachen, die sich nah miteinander verwandt im Verlauf von etwa 3 000 Jahren im Vorderen Orient entwickelt haben. Heute wird sie von den Orientalisten in einem Grobraster in das Altaramäische (1000 – 100 v. Chr.), das Mittelaramäische (100 v. Chr. bis 1000 n. Chr.) und das Neuaramäische (ab 1000 n. Chr.) unterteilt. Um Christi Geburt, als das Aramäische bereits – durch Inschriften dokumentiert – auf eine rund tausendjährige Geschichte zurückblicken konnte, haben die Israeliten im Alltag kein Hebräisch mehr gesprochen, sondern eine Form des Aramäischen, die von den Forschern jüdisch-palästinensisches Aramäisch genannt wird. So sind zum Beispiel die Bücher „Ezra" und „Daniel" des Alten Testaments über das Schicksal der Juden in babylonischer und persischer Gefangenschaft (586 – 537) v. Chr.) in der Sprachform des Biblisch-Aramäischen geschrieben. Im ersten Jahrtausend nach Christi Geburt finden sich mittelaramäische Mundarten ebenso in Syrien und Palästina wie auch auf dem Gebiet des heutigen Irak und in Teilen des Iran; sie werden von Juden und Christen gleichermaßen gesprochen.

Mit dem Aufkommen des Islam im 7. Jahrhundert aber beginnt der Niedergang des Aramäischen, bedingt durch dessen in nur wenigen Jahrzehnten erfolgende Verbreitung im gesamten Vorderen Orient. Als sich im Mittelalter ein Gefüge von sprachlichen und religiösen Minderheiten in der islamischen Welt herausbildet, das teilweise bis heute fortbesteht, kann das ehemals so bedeutende Aramäisch als Sprache christlicher und jüdischer Minderheiten nur noch in der Abgeschiedenheit des Qalamūn-Gebirges überleben, wo es erst vor rund 150 Jahren – auf den Stand mündlich überlieferter Bauerndialekte zurückgefallen – von den Orientalisten als Neuwestaramäisch wiederentdeckt wurde.

Im riesigen Ozean des arabischen Sprachraums liegen die drei neuwestaramäischen Dörfer wie winzige Sprachinseln. Ihre Dialekte, gesprochen von insgesamt höchstens 5 000 Menschen, bilden jene Sprachform, die mit der Sprache Christi am nächsten verwandt ist. Eine Erklärung dafür, weshalb unter Tausenden von Dörfern ausgerechnet diese drei eine uralte Sprache bewahrten, haben die Heidelberger Sprachforscher noch nicht finden können. Zwar liegen diese Orte in ihrer Berglandschaft recht abgeschieden, doch gibt es noch tiefer im Qalamūn beiderseits der Grenze zum Libanon noch unzugänglichere Ortschaften, in denen heute arabisch gesprochen wird. Allerdings haben Untersuchungen in jüngster Zeit aufgezeigt, daß das Aramäische Einfluß auf die arabische Sprache genommen hat.

Überraschend ist aber auch die Religionszugehörigkeit der Einwohner dieser drei Dörfer: Zwei Drittel der Einwohner von Ma^{c}lūla sind christlich und nur ein Drittel muslimisch, während jene von Bax^{c}a und Dschubb^{c}adīn ausschließlich muslimisch sind. Die Islamisierung dieser Gegend hat erst recht spät im 16. Jahrhundert stattgefunden. Nirgendwo sonst gäbe es muslimische Sprecher des Aramäischen, und so sei es gewiß „mehr als denkwürdig", meint Jastrow, daß die einzige Gruppe von Menschen, die mit einem gewissen Recht behaupten könne, die Sprache Christi fortzusetzen, sich zugleich teilweise zum Islam bekennt.

Aramäisch gesprochen wird dort allerdings nur in der Familie und der Dorfgemeinschaft, alle Kontakte zur Außenwelt erfolgen in der arabischen „zweiten Muttersprache". So besuchen die Kinder die arabische Schule und arbeiten später meist auch in einer arabischen Umgebung. Die Bewohner von Ma^{c}lūla verdienen ihren Lebensunterhalt häufig als Bäcker in Damaskus oder Beirut, während von den Einwohnern von Dschubb^{c}adīn viele als Lastwagenfahrer von Syrien in die Golfstaaten unterwegs sind. Obgleich ihr neuwestaramäischer Wortschatz auf diese Weise stark arabisch beeinflußt wird, bewahrt ihre Sprache doch ihren eigenen Charakter. Die arabischen Lehnwörter werden nicht nur von den Lauten her angeglichen, sondern sogar an die neuwestaramäische Wortbildung angepaßt.

Die Sprachforscher haben weniger die arabischen Elemente als den aramäischen Kern der Sprache untersucht und festgestellt, daß dieser „erstaunlich intakt und altertümlich“ ist. Dieser Grundwortschatz läßt sich nach Jastrow „bis in die älteste Zeit zurückverfolgen“. Ihr umfangreiches Material – unter anderem 80 Stunden neuwestaramäische Texte aus allen drei Dörfern auf Tonband – haben die beiden Forscher zu einer Dokumentation zusammengefaßt, die die „Sprache Christi“ sowohl für die Forschung als auch für die Nachwelt erhält.

Franziska Becher

Vor allem den Inschriften auf Tempeln, Gräbern und Statuen verdanken die Forscher ihr detailliertes Wissen über das ägyptische Altertum. Ihre Entzifferung ist auch heute noch sehr schwierig. Doch jetzt, über 170 Jahre nach der Geburtsstunde der Ägyptologie, hilft ihnen der Computer bei dieser mühseligen Arbeit:

Die Sprache der Hieroglyphen

Vor 4 000 Jahren sind die Zeichen in den Stein gemeißelt worden. Und noch heute faszinieren die zierlichen Vögel, liegenden Löwen und abstrakten Figuren den Betrachter. Aber obwohl die Inschriften auf Tempel- und Grabwänden, auf Statuen und Obelisken vielfach gut erhalten sind, ist das Rätsel dieser Bilder nicht leicht zu lösen. Daß ihre Bedeutung nicht wie ein Bilderrätsel zu entschlüsseln ist, wie man lange Zeit glaubte, wurde anhand des 1799 an der westlichen Nilmündung gefundenen „Steins von Rossette“ entdeckt, der sich heute im Britischen Museum in London befindet.

Auf dieser Basaltplatte hat sich der Schreiber in drei Sprachen verewigt: Die Inschrift ist in Hieroglyphen, in griechisch und in demotisch, der altägyptischen Alltagssprache, verfaßt. Beim Vergleich fällt auf, daß mehr als dreimal so viele Hieroglyphen wie griechische Wörter in den Stein geritzt sind. Eine Hieroglyphe steht also nicht allein für ein Wort, sondern für einen Buchstaben oder eine Silbe. Vor über 170 Jahren gelang es dem Sprachwissenschaftler Jean François Champollion, diese Inschrift, das „Dekret zu Ehren des Königs Ptolemaios Epiphanes“ (196 v. Chr.), zu entziffern. Damit legte er den Grundstein des ägyptischen Alphabets – und der Tag der Veröffentlichung seiner Erkenntnisse, der 22. September 1822, gilt seitdem als Geburtstag einer neuen Wissenschaftsdisziplin, der Ägyptologie.

Doch auch nach dem großen Schritt des Franzosen gaben die Inschriften, die ägyptischen Papyri und die Ostraka – Tonscherben, die von den Ägyptern als Notizzettel benutzt wurden – ihren Inhalt nur Schritt für Schritt preis. Denn die von der 1. Dynastie bis zur Besetzung durch die Römer (von 3000 v. Chr. bis 200 n. Chr.) gebräuchliche Schrift kennt über 1 000 Symbole, die sich zum Teil nur durch winzige Details voneinander unterscheiden. Die Schreiber setzten sie als Buchstaben-, aber auch als Silben- und Wortzeichen ein. Wieder andere Hieroglyphen dienten als Deutzeichen, ans Wortende gestellt halfen sie dem Leser, die unterschiedliche Bedeutung von ähnlich lautenden Worten zu erkennen. Wenn man dann noch berücksichtigt, daß die „heiligen Eingrabungen“, so lautet die wörtliche griechische Übersetzung, von links nach rechts, von oben nach unten oder umgekehrt aneinandergereiht sein können, und daß ferner der künstlerische Gesamteindruck wichtiger war als Grammatik oder Rechtschreibung, wird verständlich, warum man schon seit fast hundert Jahren am „Wörterbuch der Ägyptischen Sprache“ arbeitet – und noch immer nicht fertig ist.

Ins Leben gerufen wurde dieses Projekt von dem Ägyptologen Adolf Erman, der die Preußische Akademie 1897 für die Unterstützung gewinnen konnte. Er arbeitete mit der sogenannten Zettelmethode: Die Worte aus den vorhandenen ägyptischen Texten wurden in ihrem Satzzusammenhang auf eine Karteikarte geschrieben. Sechzig in- und ausländische Ägyptologen sammelten auf diese Art zusammen 1,75 Millionen Belegzettel. Dann sortierte man die Belege eines jeden einzelnen Wortes nach inhaltlichen Gesichtspunkten wie Gebrauch, Vorkommen in Wendungen und grammatischen Formen sowie äußerlichen Aspekten, etwa verschiedene Schreibweisen und zeitliche Hinweise, in Untergruppen ein. Allein diese Arbeit dauerte acht Jahre. In den 1931 erschienenen fünf Hauptbänden sind die Wörter nach der ägyptologischen Konvention der „Buchstaben"-Abfolge angeordnet und sowohl in „Umschrift", die im wesentlichen die lateinischen Buchstaben benutzt und mit unterscheidenden Zeichen versehen ist, als auch in deutsch übersetzt. Deshalb müssen auch alle Wissenschaftler, die Hieroglyphen verstehen wollen, der deutschen Sprache mächtig sein – auch die Ägypter.

Doch diese „Bibel der Ägyptologen" ist überholungsbedürftig. Seit 1947, als die Verzettelung der Texte eingestellt wurde, hat sich das zu erfassende Material bis heute durch Grabungen und Editionen fast verdoppelt. Inzwischen haben die Forscher noch viele Inschriften und Papyri entdeckt, in bekannten Texten wurden Lesefehler entdeckt und verbessert, und manche Wörter übersetzt man jetzt ganz anders, da für sie vom Wörterbuch abweichende Bedeutungen ermittelt worden sind. Die 1985 wiederbelebte Wörterbuchkommission an der ehemaligen Akademie der Wissenschaften der DDR arbeitete freilich nicht mehr mit Zetteln; sie begann, die Hieroglyphen in den Computer einzugeben. Erst nachdem der Personalcomputer sowie leistungsfähige und billige elektronische Massenspeicher für die Daten verfügbar waren, konnte ernsthaft an eine Fortsetzung des Wörterbuchprojekts gedacht werden, das inzwischen auf Empfehlung des Wissenschaftsrats in das Akademieprogramm der „Konferenz der deutschen Akademien der Wissenschaften" aufgenommen wurde.

Mit dem Computer können nun die insgesamt zwölf Bände des Wörterbuches auf zwei bis drei Disketten gebracht und neue Belegstellen überall in der Welt einfach eingefügt werden. Weiterhin soll der Computer auch neue Erkenntnisse über die Grammatik und Semantik der ägyptischen Sprache bringen und Fragen der Transkription klären. Wie Professor Walter F. Reineke und Dr. Stefan Grunert als Beteiligte an diesem Projekt allerdings erläutern, lassen sich die widerspenstigen Hieroglyphen aber auch mit dieser modernen Methode nicht so ohne weiteres zähmen, weil das Problem bei der Eingabe der

Texte liegt. Denn zur sinnvollen Verwendung müssen die Hieroglyphen zunächst computergerecht verschlüsselt werden. Der an sich naheliegende Gedanke, die Zeichen mittels ihrer Lesung zu kodieren, läßt sich dabei allerdings nicht verwirklichen, da mehrere Zeichen die gleiche Lesung aufweisen und so Mehrdeutigkeiten unvermeidbar wären. Deshalb entwickelten internationale Forschergruppen den „Leitfaden für die Verschlüsselung ägyptischer Hieroglyphen", der die Zeichen nach dem Gegenstand, den sie darstellen, ordnet und mit einem Code versieht. So stehen zum Beispiel die Buchstaben A für Männer, B für Frauen, C für Götter und D für Körperteile. Jede Hieroglyphe erhält zusätzlich eine Nummer und – falls es graphische Varianten gibt, die sich nur geringfügig voneinander unterscheiden – einen weiteren Buchstaben als Kennung. Mit diesem Schema werden die Hieroglyphen jetzt so enträtselt, wie man es sich ganz am Anfang der ägyptologischen Forschung vorstellte: Der Schlüssel ist doch das Bild.

Manuela Göbel

Nicht erst seit der Mitte dieses Jahrhunderts kam „das Biedermeier“ wieder in Mode. Als Einrichtungsstil ist es in seiner schlichten Formgebung zeitlos geblieben. Anders verhält es sich mit der weitgehend in Vergessenheit geratenen Biedermeierliteratur, die nun zum Teil von einer Nachfahrin ihres damaligen Verlegers Moritz Schauenburg aus dem Verlagsarchiv in Lahr in Baden-Württemberg hervorgeholt und wieder in Erinnerung gebracht wurde. Dabei zeigte sich auch, daß der „Herr Biedermeier“ eine ebenso übermütige wie „heimtückische“ Satire auf den damaligen Zeitgeist war:

Die wirklichen Herren Biedermeier

Dank ihrer familiären Verlagsquelle machte sich die Germanistin Christel Seidensticker-Schauenburg aus Marburg ein Vergnügen daraus, die Werke des „wirklichen Herrn Biedermeier“ und die Umstände ihres Erscheinens zu untersuchen und auf das amüsanteste zu schildern. Genau genommen gab es aber zwei Herren, die unter diesem Pseudonym publizierten: den Juristen Ludwig Eichrodt (1827 – 1892) und den Mediziner Adolf Kußmaul (1822 – 1902), der auch unter dem Namen Horatius Treuherz schrieb. Beide waren seit ihrer Studienzeit miteinander befreundet und haben auch beachtliche berufliche Karrieren gemacht.

Auf die Idee, gemeinsam parodistische Gedichte zu publizieren, verfielen die Freunde, nachdem Kußmaul zufällig an einen Band aus der Feder des alten Dorfschulmeisters S. F. Sauter (1766 – 1846) geraten war, der schier endlos lange und darüber hinaus sehr gefühlsüberladene Verse über das Leben und dörfliche Ereignisse „fabriziert“ hatte, die unbeabsichtigt urkomisch wirkten. Belustigt erfanden die beiden daraufhin den „schwäbischen Schullehrer Gottlieb Biedermaier“. Schon in der Vorrede zu dessen angeblichen Gedichten, die in humoristischen Wochenschriften einen reißenden Absatz fanden, erhoben sie ihren Biedermaier ironisch zum Typus eines Zeitalters, das „jener vormärzsündflutlichen Zeiten … , wo Teutschland noch im Schatten kühler Sauerkrautköpfe gemütlich aß … und das Übrige Gott und dem Bundestage anheimstellte". So entstand aus dem Biedermaier als vermeintlicher Person allmählich „das Biedermeier" als Begriff für den Lebensstil und die Zeit vor der deutschen Revolution vom März 1848, der Zeit des Vormärz von 1815 bis 1848.

Da die beiden Verseschmiede zusammen dichteten, war es später schwierig festzustellen, wer jeweils was zu diesen satirischen Werken beigetragen hatte. Daraus ergaben sich auch Verstimmungen zwischen den Freunden, die erst spät aus der Welt geschafft werden konnten. Nach Seidensticker-Schauenburg war es Ludwig Eichrodt, der die Gestalt „Biedermaier" und ihren Namen geschaffen hat, die sich später mit „ei" schrieb. Auch als Redakteur des „Kommersbuchs" betätigte er sich, wofür er als „alter Burschenschaftler und Verfasser zahlreicher Trink- und Kommerslieder wie geschaffen war". 1827 geboren, verbrachte er sein ganzes Leben mit Ausnahme seiner Studienjahre in Baden. Als Sproß einer Juristenfamilie war ihm das Studium der Rechtswissenschaften eine Selbstverständlichkeit. Mit „übermütiger Reimlaune" dichtete er und sammelte während seines Studiums reiches Wissen auch auf anderen Gebieten, gehörte einer fortschrittlichen Verbindung an und nahm regen Anteil an der Bewegung dieser Jahre. Jurisprudenz und Dichtkunst waren „die bevorzugten Elemente" in seiner knappen Freizeit. An seinem 65. Geburtstag starb er 1892 in Lahr. 1853 fand der „erste große Auftritt" von Gottlieb Biedermeier mit der „Großen Deutschen Literaturballade" statt, hinterlassen „vom alten Schulmeister Gottlieb Biedermeier und seinem Freunde Horatius Treuherz".

In diesem Band ist ein „hochtönendes Gedicht" mit Seitenhieben auf die Lyrik von Goethe und Schiller enthalten, das „Kritik im Gewand der philiströsen Dichtungen" und „Vergnügen an derlei Parodien mit halber Satire" offenbart. Die „Gedichte in allerlei Humoren" erschienen bei C. P. Scheitlin in Stuttgart und wurden bei Metzler gedruckt, 1864 in zweiter Auflage. Sie sollten Eichrodt als Dichter ausweisen, sie sind laut Herausgeber „kraftvoller als spätere"; in weiteren Auflagen allerdings erschienen sie „überarbeitet und entschärft“. So wurde aus Bordell Carousell und später sogar Rondell, oder aus Gestank nicht minder sinnentstellend Schwank. Auch ganze Strophen wurden gestrichen und politische Bekenntnisse abgeschwächt. „Weltschmerz und Resignation ziehen ein“, kommentiert dies die Germanistin.

Ein Beispiel der köstlichen Ironie Eichrodts zeigt sich in der Schilderung ganz gewöhnlicher Ereignisse mit hochtrabenden Worten in dem Gedicht „Ultramontanes Genie“: „Herr Walther wallt im Walde/ Mit Hermelin verbrämt/ Sein Hüfthorn, das erschallte,/ so süß und so verschämt ... “. Auch Personen wurden parodiert: Die Bezeichnung „Drostliche Hülsenblühte, eine westfälische Vision“ für Annette von Droste-Hülshoff beweist ebenso Mangel an Respekt vor großen Klassikern wie das, was in der „Großen Deutschen Literaturballade“ nachzulesen ist: „Gegen Abend in der Abendröthe,/ Fern von der Menschen rohem Schwarm/ Wandelten der Schiller und der Göthe/ Oft spazieren Arm in Arm/ ... Dieser war schon etwas Grau von Jahren,/ Jener zwar nicht weit vom frühen Grab,/ Aber grad in seinen besten Jahren/ Als ein Dichter und geborner Schwab.“ Auch die Dichter des Biedermeier wurden nicht geschont. Mit später hinzugefügten Parodien entstand so das „früheste und geschlossenste parodistische Werk“ – mit dem der damals wohl noch nicht so genannte „Zeitgeist“ kräftig auf die Schippe genommen worden ist.

Dr. Gerda Neumann

Auf die schier unendliche Geschichte um die Frage, wer zuerst da war, die Henne oder das Ei, schien vor einigen Jahren in der Sammlung „Die Wahrheit lügt in der Mitte“ mit „Erst war die Henne, dann das Ei – des Kolumbus“ eine ebenso pfiffige wie schlüssige Antwort gefunden zu sein. Eine endgültige allerdings war es nicht, da auch der berühmte Seefahrer mit dem legendären Ei nichts zu tun hat:

Das berühmte Ei ist älter als Kolumbus

Mit dem geschichtlichen Hintergrund dieser Redensart, die ein Gleichnis für die verblüffend einfache Lösung eines scheinbar komplizierten Problems ist, befaßte sich Professor Wolfgang Mieder für die Gesellschaft für deutsche Sprache in Wiesbaden und deckte so ebenfalls eine geradezu unendliche Geschichte auf, von der man heute allgemein nur noch eine „Legende“ kennt. Demnach soll Christoph Columbus (um 1451 – 1506), aufgefordert, ein gekochtes Ei auf die Spitze zu stellen, dies angeblich erstmals durch dessen Eindellen geschafft haben. Damit habe er Zweiflern und Neidern überzeugend klargemacht, daß manches erst im Nachhinein einfach erscheint – so auch die Entdeckung der Neuen Welt. Doch dieses Ei ist ihm tatsächlich ebensowenig zuzuschreiben wie die Erstentdeckung des amerikanischen Kontinents, bei der nach heutigem Wissen zumindest die Wikinger um das Jahr 1000 sozusagen schneller waren.

So erzählt der italienische Kunsthistoriker Giorgio Vasar bereits 1550 in einem mehrbändigen Werk eine Anekdote, nach der sein Landsmann, der Architekt Filippo Brunelleschi (1377–1446), 1418 den Wettbewerb zum Bau der Kuppel des Domes Santa Maria del Fiore zu Florenz deshalb gewonnen habe, weil er als einziger ein Ei auf einen Marmortisch zu stellen vermochte. Fast 150 Jahre später wurde diese Geschichte dann wieder von Girolamo Benzoni aufgegriffen, der sie Kolumbus in einem der Bände seiner „Historia del mundo nuovo“

in den Mund legte. Diese frühe Geschichte der Neuen Welt, in viele Sprachen übersetzt, hat nach Mieders Einschätzung zweifellos dazu beigetragen, das „Ei des Kolumbus“ als Sprichwort in Umlauf zu bringen. Die deutsche Übersetzung des gewichtigen Werkes von 1579 erschien als „Der Newenn weldt vnd indianischen Königreichs newe vnnd wahrhaffte History“ und hat sicherlich viel dazu beigetragen, daß dieses geflügelte Wort auch in die deutsche Literatur eingegangen ist.

Beispielsweise schreibt der deutsche Barockschriftsteller Christian Weise 1673 in seinem Roman „Die drei ärgsten Erznarren in der ganzen Welt“ von einem, dem es ergehen werde „wie dem Colombo mit seinem Ey, das konnte niemand zu stehen machen: Aber als er es auf die Spitze schlug, könten es alle nach thun.“ Gut hundert Jahre später notierte der auch wegen seiner prägnanten Aphorismen berühmte Physiker und Schriftsteller Georg Christoph Lichtenberg: „Er stieß ihn mit dem Kopf gegen die Erde, als wenn er ihn da aufstellen wollte wie Kolumbus das Ei.“ Auch aus den Briefen von Johann Wolfgang von Goethe (1749 – 1832) gibt es zwei Belege. Einmal kritisierte er die manchmal nicht besonders verständlichen Vorlesungen von August Wilhelm Schlegel mit „Hie und da müßte man derber aufstoßen, wenn das Ey stehen sollte“, und das andere Mal die „Experten“ eines völlig anderen Metiers damit, daß jemand „endlich das Ey aufrecht stehen machte und uns einen Gedanken hinstellte, an dem wir abmessen können, inwiefern man sich bisher der echten Behandlung (des Weinbaus nämlich) genähert habe“.

In Rainer Maria Rilkes Erzählung „Ewald Tragy“ aus dem Jahre 1898 staunt der Titelheld dagegen über die sorglose Leichtigkeit, mit der ein Bekannter „eine Erkenntnis neben die andere setzt, lauter Eier des Kolumbus: wenn eines nicht gleich aufrecht bleiben will, ein Schlag auf die Tischplatte und – es steht“. Hier mutet das Kolumbusei schon recht redensartlich an. Allerdings wurde es als gängige Redensart auch erst im 19. Jahrhundert in Wörterbüchern erfaßt. Der Deutsche Sprichwortsammler Friedrich Wilhelm Wander hat 1867 die veränderte Form „Das ist das Ei des Colombo“ und 1880 die beiden weiteren Fassungen „Das Columbusei in Scene setzen“ und „Das Ei zum Stehen bringen“ aufgeschrieben. Dabei fügte er letzterem die Erklärung „Ein schwierige, unmöglich erscheinende Sache ausführen“ hinzu sowie einen Abdruck dieser Redewendung aus dem Jahre 1864 in der Berliner Zeitung.

Im 20. Jahrhundert verzeichnet Mieder eine zunehmend kritische Auseinandersetzung mit dieser Redensart, „und zwar besonders, weil Kolumbus nun einmal nicht mehr als der Entdecker Amerikas gelten kann“. Dies betonte bereits 1913 auch Alfred Richard Meyer alias Munkepunke in seinem satirischen Gedicht „Das Ei des Columbus“ mit den Zeilen: „Es ist nicht leicht, doch lohnt sich bannig der Effekt, wenn man zum zweiten Mal Amerika entdeckt.“ 1927 hat Felix Joseph Klein in seinem Bonner Aphorismenbuch mit „Kolumbuseier sind selten frisch“ sozusagen nachgezogen. Die Unwahrheit hinter dieser Geschichte gehört auch zum Inhalt der 1931/32 von Kurt Tucholsky und Walter Hasenclever verfaßten Komödie „Christoph Columbus oder die Entdeckung Amerikas“.

Eine Fülle weiterer und hier nur pauschal erwähnter Texte läßt erkennen, wie die Redensart spielerisch oder ernsthaft bis heute auf verschiedenartige Gegebenheiten des menschlichen Lebens bezogen wird, handele es sich um Klugheit oder Dummheit, Politik, Wissenschaft, Medizin, Ernährung, Sexualität, Gewalttätigkeit oder sogar Kernenergie. Da heißt es unter anderem: „Wer über dem Ei des Kolumbus brütet, darf sich durch ungelegte Eier anderer nicht aus dem Konzept bringen lassen“ oder „Seine wissenschaftlichen Theorien waren wie aus dem Ei des Kolumbus gepellt“ und „Das Ei des Kolumbus war zwar nicht befruchtet, aber es hat ungeheuer befruchtend gewirkt.“ Obwohl Kolumbus weder das berühmte Ei noch den amerikanischen Doppelkontinent als erster entdeckt hat, wird doch die redensartliche Verknüpfung vom „Ei des Kolumbus“ so bald nicht von der Bildfläche verschwinden, sondern, wie Mieder meint, wenigstens als „redensartliche Schwundstufe“ die Enttarnung des Seefahrers als nur angeblichen Entdecker überdauern.

Franziska Becher

Nicht nur im Straßenverkehr kann man sich einen „blöden Hammel" oder ein „dummes Schwein" als äußerst zweifelhaften Titel einhandeln, sondern auch in Kneipen, auf dem Schulhof, im Café und an allen anderen „Kommunikationsorten" können Anleihen aus dem Tierreich wie Kamel, Kuh, Esel oder Hornochse Beispiele für solche sprachliche Reaktionen der „lieben Mitmenschen" sein. Auch sie sind ein Fall für die deutsche Sprachwissenschaft:

Von Aasgeiern, Lackaffen und Zimtzicken

Mit diesen unerfreulichen Vergleichen hat sich Professor Robert Braun an der Universität-Gesamthochschule Essen befaßt und dazu die etwa 10 000 verschiedenen Möglichkeiten von Personenbezeichnungen untersucht, die im Deutschen Universalwörterbuch „Duden" verzeichnet sind. Darunter finden sich vom Aasgeier bis zur Zimtzicke auch etwa 200 „tierische". Ebenso zumeist wenig schmeichelhaft, jedoch nicht grundsätzlich abwertend, sind es neben Tieren auch Gegenstände und Pflanzen, die zum Vergleich mit Menschlichem und Allzumenschlichem anregen. Etwa 100 davon sind gegenständlich wie etwa Faulpelz, Fettsack, Flasche, Geizkragen, Jammerlappen, Nervensäge, Notnagel, Perle, Pfeffersack, Pfeife, Schreckschraube, Stimmungskanone oder Waschlappen, ungefähr zwanzigmal tauchen Vergleiche mit Pflanzen auf: Früchtchen, Gemüse, Glückspilz, Landpomeranze, Mauerblümchen, Mimose, treulose Tomate und andere.

Wenn auch prozentual gering, werden derartige Personenbezeichnungen in der Alltags- und Umgangssprache ebenso gern wie häufig genutzt, vorzugsweise als Schimpfwörter oder Tadel, abwertend oder salopp scherzhaft. Sie sollen helfen, Ärger, Enttäuschung, Unzufriedenheit und Streß im Alltag zumindest zeitweise abzureagieren. Für diese unangenehmen Situationen liegen die Vergleiche aus der Welt der Tiere nicht nur zahlenmäßig vorn, sondern Form, Herkunft und Gebrauch sind auch besonders unterschiedlich. Mehr als 60 Tierbezeichnungen sind einfache Begriffe wie der bekannte Esel für Dummkopf, der Tölpel für Einfaltspinsel, die Gans für eine unerfahrene weibliche Person oder das Ferkel für jemanden, für den das Wort Seife ein Fremdwort scheint. Weniger bekannt ist der einen naiven Menschen bezeichnende Gimpel, die Hyäne für einen rücksichtslosen und profitgierigen Menschen oder das Rhinozeros für einen sturen Dummkopf oder Trottel. Von den zusammengesetzten Formen gibt es etwa 125. Darunter finden sich der Brüllaffe, die Nachteule oder auch der aus dem Chinesischen entliehene Papiertiger, der als „schi-lau-hu" nur dem Schein nach gefährlich ist. Überraschend groß ist die Zahl der verschiedenen Tierarten, die zu Vergleichen und Charakterisierungen herangezogen werden. Zu den 19 nicht einheimischen wie Brummbär, Lackaffe, Papiertiger und Trampeltier gesellen sich mehr als 40 einheimische, bei denen Haustiere wie Hund, Katze, Vogel und Schwein vorherrschen.

Welche Vergleiche auch immer bemüht werden, Kinder sind aus der Sicht des Wörterbuchs äußerst positive Lebewesen: Küken, wilde Hummeln und Schmusekatzen. Selbst Krabbe, Frechdachs, Wurm, Kröte oder Spielratte sind scherzhaft-familiäre Bezeichnungen, weder bösartig noch boshaft gemeint. Einen ganz anderen Beiklang haben für Männer und Frauen gebräuchliche Tiernamen. Da stehen dem Bullen, Dackel, Gorilla, Lackaffen, Hirsch und Streithahn die Gans, das Heimchen, die Pute, die Schnecke, die Gewitterziege, der Betthase und die Schnatterente gegenüber, wobei auch die so genannten Tiere nicht immer gut wegkommen. Das gilt zum Beispiel für den Hund mit seinen „Varianten" Dackel, Windhund, Pinscher, Schweinehund, Misthund, Lumpenhund und seiner Mehrzahl Meute. Besser ergeht es der Katze als Kätzchen, Mietze- und Naschkatze, Schmeichel- und Schmusetier. In der Vogelwelt geht es querbeet vom Scherzwort bis zum Schimpfwort, wie die Beispiele Spaßvogel, Kiebitz, Pechvogel, Unglücksrabe, Schluckspecht, Aasgeier, Dreckspatz, Galgenvogel, Schmierfink und Mistfink belegen. Der Phantasie scheinen bei diesen Vergleichen keine Grenzen gesetzt zu sein.

Wie der Essener Sprachforscher meint, könnten diese zweifelhaften „Schmeicheleien“ vielleicht in der bäuerlichen Kultur entstanden sein, wahrscheinlicher allerdings aus der Volksliteratur stammen, in der – auch in mündlicher Übertragung – in Sagen, Schwänken, Märchen, Fabeln, Sprichwörtern und Redensarten so vieles verbreitet worden ist. Die Verbindung zum Schwein sieht er zum Beispiel durch die Redensart „Schwein haben“ hergestellt, die zum Brauchtum der mittelalterlichen Schützenfeste hinführt, bei denen auch der letzte Teilnehmer noch einen Preis, in der Regel ein Schwein, bekam. Dem Finken hat man schon im 16. Jahrhundert nicht nachsehen können, daß er „wie die Spatzen seine Nahrung im Pferdekot sucht“, deshalb gibt es den Dreck-, Mist-, Schmier- oder Schmutzfink. Dem Sperling wird das gleiche Freßverhalten offenbar weniger übel vermerkt. Es gibt zwar den Dreckspatz, doch ebenso das Spätzchen, das oft für ein kleines Kind oder einen „kleinen Liebling“ steht.

Franziska Becher

Alles andere als „von Tusen und Blaten keine Ahnung" will die Wissenschaft von den vielbelachten Versprechern haben. Denn was genau zwischen Denken und Sprechen passiert und weshalb da einiges falsch laufen kann, interessiert Philosophen, Psychologen und Sprachwissenschaftler sehr. Denn neben neuronalen Netzen oder Modellen zur Künstlichen Intelligenz helfen auch die neuesten Erkenntnisse über den Aufbau und die Gestaltung der Sprache, um das Gehirn besser verstehen zu können:

„Den pfeif ich doch in der Rauche"

In den Versprechern, über die man schmunzelt oder lacht, wenn man sie überhaupt wahrnimmt, sah Sigmund Freud einen Schlüssel zum Unterbewußtsein, das so aussagte, was bewußt so nicht gesagt werden sollte. Da aber nicht alle Verhaspler wirklich einen hintergründigen Sinn ergeben, der als ein „Freudscher Versprecher" untersucht werden könnte, haben sie als psychologisches Hilfsmittel tatsächlich nur sehr eingeschränkte Aussagekraft. Weitaus fruchtbarere Hilfsmittel stellen sie für die Linguisten dar, die mit ihnen die Planung der menschlichen Sprache im Gehirn erklären. Dies war auch Ziel eines Teams um Professor Helen Leuniger an der Universität in Frankfurt am Main, das seit 1986 etwa 3 000 Versprecher gesammelt, wissenschaftlich ausgewertet und das „Frankfurter Versprecherkorpus" ausgearbeitet hat.

Die Einteilung dieses Werks erfolgte nach der bereits 1895 von den Sprachwissenschaftlern Metzinger und Mayer aufgestellten Klassifikation, nach welcher die sprachlichen Alltagsfehler in fünf verschiedene Sparten unterteilt sind. Denn Versprecher ist nicht gleich Versprecher. Da gibt es zum Beispiel die Vertauschungen, bei denen sprachliche Einheiten ihren Platz wechseln – die Scherbe zerbricht in Tassen. Bei den sogenannten Kontaminationen verschmelzen zwei sinnverwandte Ausdrücke miteinander, wie etwa in „Ich habe noch ein ernstes Huhn mit ihm zu rupfen", wo die beiden Synonyme „ernstes Wort" und „Huhn rupfen" durcheinander geraten sind.

Ebenfalls im letzten Jahrhundert wurde erkannt, daß diese Fehler nur vorkommen, wenn sich der ursprüngliche und der falsche Ausdruck in ihrer Struktur oder in ihrer Bedeutung ähnlich sind. Diese grundlegende Eigenheit sowie ihre klar unterscheidbaren Typen machen die Verhaspler auch für die moderne Sprachwissenschaft interessant. Ihr Auftreten untermauert die Theorie der kognitiven Linguistik. Nach dieser Lehrmeinung wird ein Satz in einer streng festgelegten Reihenfolge gebildet. Der Gedanke liegt also nicht plötzlich fix und fertig auf der Zunge, sondern wird Schritt für Schritt in Worte gefaßt. Da die verschiedenen aufeinanderfolgenden Stufen, die Wortplanung, die Satzstellung und die Lautabfolge jeweils auf bestimmte Art und Weise gestört werden können, entstehen unterschiedliche Typen von Versprechern. Der Weg vom Gedanken zum Satz beginnt mit der Auswahl der einzelnen Wörter. Hierbei kann aus Versehen ein falscher, sinnverwandter Ausdruck gewählt werden, wie zum Beispiel „ich komme auf keinen grünen Baum". Auch die Kontaminationen wie das „ernste Huhn" entstehen auf dieser Ebene.

Im nächsten Bauabschnitt werden die Wörter in die richtige Reihenfolge gebracht. Läuft hier etwas schief, sagt man anstatt „die Haare sind auf den Köpfen" eben „die Köpfe sind auf den Haaren". Auch wenn die Wörter und ihre Abfolge feststehen, kann noch eine ganze Reihe falsch laufen. Jetzt werden Ausdrücke aufgrund ihrer Lautverwandtschaft vertauscht. So ersetzt im folgenden Satz das gleichklingende, aber inhaltlich falsche „Leben" das Wort „Lesen": „Er ist des Lebens und Schreibens nicht mächtig."

Andere Fehler greifen in die Lautfolge des Satzes ein und bringen sie durcheinander. „Den pfeif ich doch in der Rauche" oder „an jedem Zinger fehn" sind das Ergebnis solcher Verwechslungen. Bei den sogenannten Antizipationen werden Klänge, die im Satz eigentlich erst später auftauchen, vorweggenommen. Auch die „zwei gemonateten Arbeiten" statt der „zwei gearbeiteten Monate" sind Verhaspler in der lautlichen Ebene. Dieses Beispiel macht auch die Aufgabe der letzten Instanz der Sprachbildung deutlich, der Endkontrolle. Denn bevor der Satz endgültig über die Lippen geht, wird er noch einmal auf seine grammatische Form überprüft. Deshalb entsteht bei der Monat-Arbeit-Verdrehung nicht einfach der Ausdruck „gemonatete Arbeite“, sondern nachdem die Silben vertauscht wurden, passen sie sich ihrer neuen lautlichen Umgebung an. „Arbeite“ wird ganz automatisch in seine Mehrzahlform „Arbeiten“ gesetzt. Auch „das Faß, das den Tropfen zum Überlaufen bringt“ ist nur auf den ersten Blick eine einfache Verwechslung. Hier hat die grammatische Kontrolle, nachdem die Satzstellung verdreht wurde, die Artikel entsprechend dem neuen Satzbau umgestellt.

Die grammatische ist aber nicht die einzige Kontrollinstanz. Denn obwohl den entstehenden Neuschöpfungen meist der Sinn verlorengegangen ist, klingen sie zumindest vertraut. Im Verhaspler „ich bin dụrch die Kutsche gelatscht“ statt „durch die Küche gelatscht“, wurde versehentlich die Lautfolge Tsch vorweggenommen, und es handelt sich um eine Antizipation. Neben diesem kleinen Fehler ist beim Sprechen allerdings auch noch etwas anderes passiert. Die „Kütsche“ wurde in „Kutsche“ verwandelt. Diese unbewußte Umwandlung des eigentlichen Fehlers in ein zwar verfehltes, doch immerhin deutsches Wort ist für die Sprachwissenschaftler ein weiterer Beweis für die kognitive Vorstellung von der Sprachbildung. Denn diese „lexikalische Kontrolle“ existiert unabhängig von allen anderen Bauabschnitten. Die Fehler sämtlicher Sprachbildungsebenen werden mit dem tatsächlichen Wortschatz verglichen. Unbekannte Formen wie eben „Kütsche“ werden in vorkommende wie „Kutsche“ verwandelt. Diese Verbesserung ist bei jedem Versprecher erfüllt, auch wenn das Ergebnis nicht immer ein sinngebendes Wort ist. Der „lexikalischen Kontrolle“ genügen auch ähnlich klingende, prinzipiell mögliche Formen: Der Ausdruck „die verwammelten Bischöfe“ statt „die versammelten“ hat natürlich keinen Sinn, klingt aber zumindest deutsch.

Dies erklärt auch, warum die Versprecher nur selten auffallen. Experimente haben gezeigt, daß der Hörer bei normaler Sprechgeschwindigkeit „verbrochene“ Schnitzer meistens gar nicht bemerkt, sondern sie unbewußt verbessert. Deshalb ist es auch für die Sprachwissenschaftler gar nicht so einfach, genügend Material für ihre Studien zu bekommen. Helen Leuniger jedenfalls hatte während ihrer Forschungen immer ihr „Büchelchen" dabei, in dem sie neue Versprecher sofort notierte.

Manuela Göbel

Wer in einer heißen Diskussion mit vermeintlichen statistischen Wahrheiten auftrumpfen kann, hat in der Regel das Ruder an sich gerissen. Denn die „nackten Zahlen" wirken durch den Nimbus ihrer Objektivität und überzeugen meist mehr als ganz gewöhnliche Argumente. Dabei wird aber oft vergessen, daß auch die Statistik viele Tücken und Fußangeln hat:

Die falschen Zungen der Statistik

Tatsächlich erweisen sich viele Zahlen, die von „interessierten Kreisen" gezielt der Öffentlichkeit unterbreitet werden, bei genauer Betrachtung sogar als Bestandteile von Lügen. Damit sind aber nicht jene Pannen oder Schlampereien im Umgang mit Zahlen gemeint, die sich oft auch dann nicht vermeiden lassen, wenn die Absichten ihrer Urheber durchaus ehrenhaft sind, wie der Wirtschafts- und Sozialstatistiker Professor Walter Krämer richtigstellt, der sich an der Universität Dortmund mit solchen Fragen befaßte und auch ein Buch mit dem bezeichnenden Titel „So lügt man mit Statistik" geschrieben hat. Vielmehr sind die Betrüger, um die es ihm wirklich geht, im Besitz der wahren Zahlen, binden dem Volk aber „statistische Bären" auf. Am häufigsten kommt diese Form der Desinformation in Kriegen vor. Seitdem sich Menschen gegenseitig die Köpfe einschlagen, werden die Zahlen über die eigenen Verluste und die des Gegners verdreht, sei es, um in der Bevölkerung Siegesstimmung zu erzeugen, sei es, um eine ungeliebte

Partei als grausam und sadistisch erscheinen zu lassen. So viele Panzer wie Hitlers Truppen in der Sowjetunion der nationalsozialistischen Propaganda nach abgeschossen haben sollen, hat Stalin nie besessen.

Totalitäre Staaten, die eine „schöne neue Welt“ geschaffen haben wollen, benutzen die statistische Lüge von Amts wegen zur Pflege ihres Ansehens. So brüstete sich die ehemalige DDR zum Beispiel unentwegt mit neuen Wohnungsbaurekorden, die im Westen oft unkritisch als Nachrichten übernommen wurden. Dabei waren die realsozialistischen Errungenschaften meist reine Luftschlösser, denn auf Ministerbeschluß wurde jeder Platz in einem Altersheim und jedes Zimmer in einem Studentensilo als „Neubauwohnung“ mitgezählt. Wenn es in Ländern offiziell – dem Koran gehorchend – keine Zinsen gibt, dann nicht, weil Kapital dort keinen Ertrag abwirft, sondern weil dieser in „Verwaltungskosten“ umgetauft wurde. In streng katholischen Staaten wiederum werden aus Ehescheidungen beschönigend „Annullierungen“ und aus Abtreibungen „Fehlgeburten“.

Ein derart grober Schwindel ist in demokratischen Staaten eher selten; dafür aber führen hier laut Krämer viele Statistiken in die Irre, weil sie gewissermaßen zu exakt sind: Nach der deutschen Außenhandelsstatistik hat die Bundesrepublik Deutschland zum Beispiel 1986 „genau“ 187 908 elektrische Bügeleisen aus Singapur importiert. Diese Angabe verwischt die Tatsache, daß man die exakten Zahlen wegen der vielen möglichen Ermittlungsfehler, unter denen auch Schmuggel und Fehlklassifikationen eine nicht geringe Rolle spielen, unmöglich feststellen kann. Solche „superexakten“ Zahlen entstehen häufig auch dann, wenn man eine grob geschätzte, „runde“ Menge – beispielsweise eine Million – einer bestimmten mathematischen Prozedur unterwirft, etwa einen Prozentwert berechnet. Dann erwecken plötzlich die vielen Stellen hinter dem Komma den Eindruck, als ob jemand haargenau nachgezählt hätte.

Oft stehen hinter falschen Zahlen nicht die Datensammler, sondern die befragten Personen selbst. Anfang des Jahrhunderts hat man zum Beispiel in einer chinesischen Provinz kurz hintereinander einmal 28 Millionen und einmal 105 Millionen Menschen „gezählt". Doch dieses Wunder klärt sich auf, wenn man erfährt, daß die erste Zählung der Ermittlung der Steuern diente, die zweite aber der Verteilung von Hilfsgütern nach einer Hungersnot. Auch wenn Menschen bei Bevölkerungsumfragen zum Beispiel angeben, daß sie im Fernsehen lieber Kulturprogramme sehen als etwa Softpornos oder beim Autokauf mehr auf Sicherheit und Umweltfreundlichkeit achten als auf schnöde Pferdestärken, ist Mißtrauen mehr als angebracht. Oft können interessierte Kreise auch schon durch geringfügige Veränderungen der Fragestellungen das demoskopische Ergebnis in eine gewünschte Richtung lenken. So lehnten nach einer Umfrage der Industriegewerkschaft Metall 95 Prozent aller Arbeitnehmer das Arbeiten am Samstag ab. Nach einer anderen Umfrage aber, die vom Marplan-Institut durchgeführt wurde, waren dagegen 72 Prozent aller Arbeitnehmer durchaus bereit, samstags zu arbeiten, wenn man sie nur ließe. Wann immer Umfragen von parteiischen Gruppen in Auftrag gegeben werden, ist Vorsicht geboten.

In vielen Fällen läßt sich die Statistik dadurch zum Blendwerk machen, daß man die Kriterien für die Zuordnung zu einer bestimmten Gruppe manipuliert. In der früheren DDR wurden in Zeiten von Gemüseknappheit die besonders schweren Melonen statt zum Obst schlichtweg zum Gemüse gerechnet, um das Plansoll erfolgreich einzuhalten. Je nach Definition und Quelle hat Deutschland eine halbe bis eine Million Arbeitslose mehr oder weniger. Die Bundesanstalt für Arbeit klammert unter anderem Teilzeitarbeitswillige, Rentner auf der Suche nach einem Nebenverdienst und Personen aus, die ihre Suche nach Arbeit entmutigt aufgegeben haben. Andererseits bezieht die amtliche Statistik auch solche Pseudo-Arbeitslose mit ein, die gar nicht ernsthaft Arbeit suchen. Ob die eine Gruppe das durch die andere Gruppe entstehende Ungleichgewicht ausgleicht, muß dahingestellt bleiben.

Zur Unfallstatistik war in der Presse unlängst die alarmierende Meldung zu lesen: „Mehr als 400 000 Menschen getötet oder verletzt". Was dabei verschwiegen wurde, war die Tatsache, daß die Zahl der tödlichen Unfälle, die ohnehin nur einen verschwindenden Teil der Gesamtmenge ausmacht, merklich zurückgegangen war. Unter der Rubrik „Mord und Totschlag" erschien vor einiger Zeit die erschreckende Zahl 2 702, doch ohne den deutlichen Hinweis darauf, daß dazu auch die versuchten Straftaten gehörten und die Zahl der verübten Tötungen weit unter 1 000 lag.

Mit erhobenem „sozialem" Zeigefinger wurde schließlich in einer Meldung verkündet, daß die Zahl der Armen in Deutschland einen neuen Höhepunkt erreicht habe. Als „Arme" galten jedoch alle Personen, die ein Einkommen unter der Hälfte des Durchschnittseinkommens bezogen. Selbst wenn eine gute Fee jedem Bürger das Hundertfache seines Salärs zukommen ließe, würde sich der Anteil der „Armen" unter ihnen nach dieser Definition nicht um den Bruchteil eines Prozents nach unten bewegen.

Rolf Degen

GESCHICHTEN, DIE DIE FORSCHUNG SCHREIBT

DAS ICH UND SEIN GEHIRN

Von Wahrnehmungen, Geistesblitzen und Künstlicher Intelligenz

Von allen sichtbaren Dingen haben Gesichter im Gehirn einen ganz besonderen Stellenwert. Deshalb kann man im Alltag auch blitzschnell und scheinbar mühelos eine enorme Zahl von Personen schon mit einem flüchtigen Blick erkennen. Im Gehirn nimmt dieses Kunststück jedoch mehrere Schaltzentren und eine ganze Reihe von Arbeitsschritten in Anspruch. Wird eine dieser Stationen allerdings geschädigt, können zum Teil absonderliche Wahrnehmungsmängel die Folge sein:

Der Erkennungsdienst im Gehirn

Bereits 1947 beschrieb der deutsche Psychiater Joachim Bodamer den erschütternden Fall eines jungen Mannes, der nach einer Schußverletzung des Gehirns die Fähigkeit verloren hatte, Personen – und auch sich selbst – an ihren Gesichtern zu erkennen. Andere Objekte, Gesichter als solche und auch deren kennzeichnende Merkmale wie Mund oder Augen, bereiteten dem geistig regen Patienten jedoch keine Probleme; zudem gelang es ihm mühelos, die Personen an ihren Stimmen oder anderen hervorstechenden Merkmalen zu erkennen, wie der Psychologe Dr. Stefan R. Schweinberger an der Universität Konstanz in einem Fachbeitrag zu diesen seltsam berührenden Ausfallserscheinungen berichtet hat. Erst vor einigen Jahren haben Wissenschaftler diese sogenannte Prosopagnosie, die Unfähigkeit, Gesichter zu erkennen, näher zu untersuchen begonnen und dabei auch Modelle der geistigen Vorgänge entwickelt, die dabei ablaufen und zum Beispiel durch Verletzungen gestört werden können.

Demnach wird das optische Rohmaterial eines Gesichts für den „Erkennungsdienst“ im Gehirn zunächst aus dem „primären Sehzentrum“ des Großhirns im Hinterkopf abgerufen und zu einer abstrakten geistigen Repräsentation aufgearbeitet: zu einer Art Phantombild, das bereits recht weit von den tatsächlichen Sinneseindrücken entfernt ist, die zum Beispiel durch Licht- und Schattenwurf, den Blickwinkel und die Mimik beeinflußt werden. Im nächsten Verarbeitungsschritt wird

dann dieses Phantombild mit einer Art Fotoalbum aller bekannten Gesichter verglichen und nach dem Entweder-Oder-Prinzip dann als „bekannt“ oder „neu“ eingestuft. Ein als „bekannt“ bewertetes Abbild erreicht schließlich eine Art Schlußredaktion, in der noch die dazu erinnerten biographischen Daten hinzugefügt werden. Der Name der so erkannten Personen wird nach Schweinberger aber offenbar in einem getrennten Nervenzentrum aufbewahrt, wofür auch die Erfahrung spricht, daß man gelegentlich einen Menschen zwar wiedererkennt, sich aber doch nicht an seinen Namen erinnern kann. Allerdings können solche identitätsbezogenen Informationen auch über andere Kanäle schlüssig ergänzt werden – wie etwa über das Wiedererkennen und Zuordnen der Stimme.

Nicht ganz geklärt ist die Frage, ob die Prosopagnosie stets mit einer Blindheit für andere Gegenstände oder Kategorien verbunden ist. Es gibt Fälle, in denen bestimmte Patienten mit dem Erkennen von Gesichtern auch andere Zuordnungsfähigkeiten verloren haben. So waren etwa Landwirte plötzlich außerstande, ihre zuvor genau gekannten Kühe wiederzuerkennen – und Vogelkundler bestimmte Vögel. Das Erkennen eines einzigen Gesichts aus vielen, als eines einzigen „Bestandteils“ einer ganzen Kategorie, ist allerdings viel schwieriger als eine Unterscheidung zwischen Kategorien. So strapaziert denn auch das Erkennen von Gesichtern das Wahrnehmungsvermögen wie wohl kaum eine andere Aufgabe, meint der Psychologe.

Weil diese regelrechte Rasterfahndung im Gehirn aber auf jeder ihrer Stufen direkt „bestreikt“ werden kann, gibt es auch mehrere unterscheidbare Formen der Prosopagnosie. So sehen manche von ihr Betroffene statt Gesichtern nur noch Konturen oder verschwommene Umrisse, wenn die Störungen bei ihnen auf der ersten Verarbeitungsebene aufgetreten sind, die für die erste abstrakte Bildaufbereitung zuständig ist. Andere Patienten können zwar ein „klares Bild“ aufnehmen, doch will sich bei ihnen einfach kein Gefühl der Vertrautheit mit der wahrgenommenen Person einstellen, weil die nachfolgende Schaltstelle funktionsuntüchtig ist. In beiden Fällen ist eine Identifikation auf der Grundlage nicht bildhaft wahrgenommener Merkmale wie etwa der Stimme aber nicht beeinträchtigt, was auf eine dritte – intakte – Verarbeitungsphase schließen läßt.

Mit modernen bildgebenden Diagnoseverfahren ist es in den letzten Jahren immer besser gelungen, auch die an solchen Vorgängen beteiligten Zentren im Gehirn einzukreisen. Nach diesen Befunden kommt der rechten Hälfte des Großhirns bei der Identifikation von Gesichtern zunächst einmal die tragende Bedeutung zu, wofür nach Dr. Schweinberger auch eine Untersuchung von Patienten mit ausschließlich rechtsseitigen Schädigungen spricht. Andere Forschungsergebnisse verweisen darauf, daß die kritischen Instanzen der Gesichtserkennung in drei voneinander getrennten Regionen in den Schläfenlappen des Gehirns liegen. Eine Region in der Nähe des primären Sehzentrums sorgt demnach als erste für die Erkennung des Gesichts, ein zweites, etwas weiter vorn gelegenes Areal baut dann die geistige Querverbindung zwischen diesem Abbild und dem biographischen Wissen auf, während in einem dritten Areal im Schläfenlappen schließlich noch der mit diesem Abbild verbundene Name und weitere Informationen hinzugefügt werden. Die Gefühlsreaktion, die bei Gesichtern sehr ausgeprägt sein kann, wird aber anscheinend über eigenständige Kanäle vermittelt. Denn manche Patienten, denen der bewußte Zugang zu einem Gesicht verschlossen ist, verraten durch ihre heftige Erregung doch, daß in ihrem Gehirn irgend etwas „gefunkt" hat. Wahrscheinlich wird das bewußte Erkennen durch eine im Gehirn vorderseitig verlaufende Nervenleitbahn gewährleistet, die an der Oberseite des Schläfenlappens mündet, während die Gefühle vermutlich über einen rückwärtigen Seitenzweig vermittelt werden, der vom „limbischen System" in der Tiefe des Großhirns ausläuft.

Wenn eine dieser Bahnen ausfällt oder auch nur im falschen Augenblick aktiviert wird, können aberwitzig anmutende Fehleinschätzungen die Folge sein. So quält zum Beispiel die Opfer des Capgras-Syndroms die Vorstellung, daß ihnen vertraute Menschen tatsächlich deren heimtückische Doppelgänger sein könnten. Unter dem Fragoli-Syndrom Leidende haben dagegen den ständigen Verdacht, daß ihnen irgendwelche Fremde eigentlich gut bekannt oder zumindest allgemein bekannte Persönlichkeiten sein müßten. Anscheinend schaltet sich bei ihnen die dritte Erkennungsabteilung, die biographische Daten beisteuert, nur noch im falschen Augenblick zu und stiftet so auch nur noch heillose Verwirrung.

Rolf Degen

Wenn ein Mensch spricht oder anderen zuhört, arbeitet sein Gehirn mit rasender Geschwindigkeit. Das scheinbar mühelose Hin- und Herspringen zwischen Sätzen, Wörtern und Gedanken strapaziert es bis an die Grenzen seiner Leistungsfähigkeit. Ganz besonders ist es dabei durch die Analyse des Satzbaus herausgefordert:

Grammatik macht dem Gehirn Beine

Um den Sinn eines gesprochenen Satzes zu begreifen, muß das Gehirn blitzartig schalten und im Schnelldurchgang mehrere Arbeitsgänge fast zugleich erledigen. So müssen zuerst die Phoneme als die kleinsten lautlichen Einheiten erkannt werden, damit die einzelnen Worte zutage treten können. Etwa zur gleichen Zeit erkundet eine „syntaktische Abteilung", wie die einzelnen Satzteile verschachtelt sind. In einem weiteren Schritt wird schließlich das interne „Lexikon" des Gehirns befragt, das den verketteten Wörtern den Sinn – die Semantik – zuordnet. Beim Sprechen werden die gleichen Vorgänge in umgekehrter Reihenfolge durchexerziert. Nur weil im Gehirn dabei verschiedene Abteilungen zugleich arbeiten, ist die hohe Geschwindigkeit möglich, mit der diese Vorgänge ablaufen.

Diese einzelnen Vorgänge müssen in wenigen Tausendstelsekunden und zudem zeitlich genau aufeinander abgestimmt ablaufen, damit die Einheit der subjektiven Erfahrung gewährleistet ist. Wenn auch nur eine Abteilung aus dem Takt gerät, schließt sich das geistige Fenster, und statt der Verständigung ergibt sich dann eine babylonische Sprachverwirrung. Solche

Störungen des Sprechvermögens werden in der Medizin unter dem Oberbegriff Aphasie geführt.

Bei den hervorstechenden Fällen dieses Leidens geht einmal das Erkennen der semantischen Bedeutung verloren und der Patient versteht sozusagen nur noch „Bahnhof". Im anderen Fall verliert der Patient jeden Sinn für Satzbau, weil seine Fähigkeit zur syntaktischen Gliederung in Mitleidenschaft gezogen ist. Beide Leistungen sind im Gehirn offenbar in getrennten räumlichen Bereichen angelegt, die auch als „Module" bezeichnet werden. So sitzt das Verständnis für den Wortsinn anscheinend im Wernicke-Zentrum in der ersten Windung des Schläfenlappens, während der syntaktische Zuständigkeitsbereich etwas weiter vorne im Großhirn im Broca-Zentrum des Stirnlappens liegt. Pierre Paul Broca (1824 – 1880) war Chirurg und Anthropologe in Paris, Karl W. Wernicke (1845 – 1905) Nervenarzt in Berlin, Halle und Breslau. Patienten mit Wernicke-Aphasie äußern nur noch leere Floskeln, die sich wie Sprache anhören, aber keine Bedeutung tragen. Broca-Aphasiker dagegen sprechen und verstehen fast nur noch einen abgehackten Telegrammstil, der gleichsam auf das Nötigste beschränkt ist.

Der enorme Zeitdruck, den das „Wunder Sprache" dem Gehirn abverlangt, läßt sich auch an den Hirnstromwellen (EEG) erkennen, wie die Professorin Angela D. Friederici am Institut für Psychologie der Freien Universität Berlin an entsprechenden Details dieser Meßkurven aufgezeigt hat. Dafür reichten die Standard-Meßkurven allerdings nicht aus, in denen nur die allgemeine Hirnelektrizität wiedergegeben wird – ähnlich wie der über einem Fußballstadion rauschende Lärm des Publikums. Worauf es hierbei ankam, waren vielmehr die Spuren sogenannter ereigniskorrelierter Potentiale, winzige kurvenförmige Einbuchtungen der aufgezeichneten Hirnstromwellen, die die örtliche Verarbeitung von Sinnesreizen widerspiegeln. Da sich diese sozusagen nur als schwache Andeutungen abzeichnen, müssen ihre Messungen stets mehrfach wiederholt werden, wobei zugleich auch das störende Hintergrundrauschen weggefiltert wird.

Um das „Nachbeben“ der semantischen Analyse im Gehirn quasi mit der Stoppuhr einzufangen, wurden den Versuchspersonen Sätze dargeboten, die an einer bestimmten Stelle ein inhaltlich völlig verfehltes Wort enthielten, das wiederum ein ereigniskorreliertes Potential auslösen sollte. Tatsächlich lösten diese semantischen Schwachstellen dann auch eine deutliche, ins elektrisch Negative verschobene Ausbuchtung der Meßkurven aus, die 400 Tausendstelsekunden später in Erscheinung trat. Dieses Potential wird deshalb auch „N 400“ genannt. Es gilt als Beleg dafür, daß die semantische Analyse von – gelesenen – Sätzen buchstäblich in Bruchteilen von Sekunden erfolgt. Das Befremden beim Lesen eines widersinnigen Wortes macht den Vorgang wahrscheinlich nur prägnanter und leichter registrierbar; es ist ein Ausdruck dafür, daß der Leser stutzig geworden ist. Es war bisher noch nie gelungen, auch die syntaktische Verarbeitung in den Kurven des EEG sichtbar zu machen.

Mit der Syntax hat es das Gehirn aber womöglich noch eiliger als mit der Semantik, meint die Psychologin. Schließlich muß man sich erst die Verschachtelung der einzelnen Satzteile im Kopf zurechtlegen, bevor man ihren Sinn erfassen kann. Um diese Möglichkeit zu überprüfen, hat Angela Friederici in einer bahnbrechenden Studie Versuchsteilnehmern einzelne Sätze zu Gehör gebracht, die zum Teil sinnstörende Elemente enthielten. Mit Elektroden, die über den gesamten Schädel dieser Person verteilt waren, wurden zur gleichen Zeit die dabei auftretenden ereigniskorrelierten Potentiale aufgezeichnet.

Mit dieser Methode ist der Forscherin damit das von den Gehirnforschern lange gesuchte bioelektrische Bezugssignal der syntaktischen Verarbeitung ins Netz gegangen. Es folgte der Präsentation 200 Tausendstelsekunden später nach und war ebenfalls elektrisch negativ. Die Bezeichnung „N 200“ war daher unausweichlich. Die „heiße Kurve“ war ausschließlich im vorderen Teil des Großhirns nachweisbar und hatte ihren Ausgangspunkt in der anatomischen Heimstatt des Broca-Zentrums. Damit ist es jetzt auch „amtlich“, daß die syntaktische Analyse der semantischen Zuordnung im Gehirn vorausläuft, und zwar mit doppelter Geschwindigkeit. Diese enge räumliche Zuordnung der Funktionszentren der Sprachverarbeitung im Gehirn steht zwar in einem gewissen Widerspruch zu anderen Forschungsarbeiten, die erkennen lassen, daß zum Beispiel die Erinnerung sozusagen überall und damit im Gehirn in etwa „gleichmäßig" verteilt sein kann, was auch mit den aktuellen Vorstellungen von einem neuronalen Netzwerk übereinstimmt. Damit die Sprache allerdings funktioniert, darf das Gehirn offenbar keine „lange Leitung" haben.

Rolf Degen

Nach einer verbreiteten Vorstellung setzt sich das menschliche Gehirn aus mehreren Schichten unterschiedlichen stammesgeschichtlichen Alters zusammen, von denen die jeweils höhere auch die anspruchsvolleren geistigen Aufgaben erfüllt. Doch tatsächlich stimmt das nicht so ganz, da ausgerechnet die Eingebung als eine der größten Geistesleistungen in den tiefsten Niederungen der „grauen Zellen" zuhause ist:

Das Reptilhirn zündet Geistesblitze

Am Boden des Gehirns, überragt vom limbischen System und der erst beim Menschen voll ausgewachsenen Großhirnrinde, dem Kortex, liegen verstreut die Basalganglien in einem zerklüfteten Ballungsgebiet. Da dieses auch bereits bei den Reptilien ausgebildet ist, wird es auch Reptilhirn oder „R-Komplex" genannt. Von ihm nimmt man an, daß es Bewegungsabläufe steuert, die wie das Fahrradfahren oder Klavierspielen „in Fleisch und Blut" übergegangen sind.

Die Basalganglien haben keine direkte Verbindung zu den Sinnesorganen und sind auch nicht direkt mit den Muskeln als den bewegungsausführenden Einheiten verknüpft. Der Bereich des Stirnlappens, also des „frontalen Kortex", in dem Bewegungsabläufe geplant werden, sendet jedoch Nervenbahnen zum Reptilhirn hinab, die schleifenförmig „nach oben“ zurücklaufen. Solche ab- und dann wieder aufsteigenden Schleifen haben im Gehirn meist die Aufgabe, neue Informationen von der „Weisheit“ älterer Strukturen zu prüfen und gegebenenfalls abändern zu lassen. Vermutlich steuert der R-Komplex also eingefahrene und geglättete Bewegungsmuster zu den nur grob ausgeformten Impulsen aus dem Stirnlappen bei. Der Wegfall dieser Funktion durch eine Ausschaltung der Basalganglien führt im Tierversuch zu einer Bewegungsarmut, einer Verlangsamung der Bewegungen und der Tendenz, eine eingenommene Körperhaltung auch weiterhin beizubehalten, wie Annette Valentin in ihrer an der Gesamthochschule Wuppertal vollendeten Doktorarbeit berichtet. Auch die Parkinson-Krankheit beruht auf einer Schädigung der Basalganglien und läßt die von ihr Betroffenen unter Steifigkeit und Bewegungsarmut leiden.

In letzter Zeit hat jedoch vermehrt Beachtung gefunden, daß der R-Komplex auch zweiseitige Kontakte zum „assoziativen“ Kortex unterhält, in dem das abstrakte, vorausschauende Denken abläuft. „Dieser Schleife, die wenig Einfluß auf das motorische System ausübt, werden im wesentlichen kognitive (erkennende) Funktionen zugeordnet, betont die Psychologin.

Schon vor längerer Zeit war es Wissenschaftlern aufgefallen, daß Parkinson-Kranke Schwierigkeiten haben, sich an neue Situationen anzupassen und ihre Reaktionsmuster entsprechend abzuwandeln. Sie sprechen zum Beispiel oft zu laut, weil es ihnen nicht gelingt, ihren Tonfall der jeweiligen Situation ihres Gesprächs anzupassen. Diese Unfähigkeit, aus Verhaltensroutinen auszubrechen (Perseveration), wurde jedoch in der Vergangenheit immer mit einer Schädigung im Stirnlappen in Zusammenhang gebracht.

Experimente mit Versuchstieren mit einer Schädigung des R-Komplexes verweisen jedoch auf den Bereich der Basalganglien als „Tatort“. Denn diese Tiere hatten Probleme, wenn sie einen vormals verhaltenswichtigen Reiz übergehen und statt dessen auf ein Signal reagieren sollten, das in der ersten Phase des Versuchs nur von nebensächlicher Bedeutung gewesen war. Das Reptilhirn „ermöglicht die Unterdrückung vorhandener Verhaltensprogramme zugunsten eines neuen Verhaltens, das der veränderten Situation angemessen ist", schließt daraus Annette Valentin.

Parkinson Kranke erweisen sich aber auch als hilflos, wenn sie Aufgaben bewältigen sollen, die nur durch Intuition zu lösen sind, weil dabei auf „bewährte" Lösungswege nicht zurückgegriffen werden kann. Das zeigen Experimente mit einem besonderen diagnostischen Verfahren, dem „Wisconsin Card Sorting Test". Bei diesem Test müssen Spielkarten sortiert werden, auf denen sich verschiedene und unterschiedlich gefärbte Muster befinden, wofür allerdings kein Schema vorgegeben wird. Der Versuchsleiter teilt dabei lediglich mit, ob eine Karte richtig oder falsch sortiert wurde. Wenn dann alle Teilnehmer das Ordnungskriterium aus diesen Rückmeldungen heraus verstanden haben, beginnt der eigentliche Test damit, daß dieses Ordnungsschema nun ohne Ankündigung abrupt gewechselt wird.

Dabei zeigt sich immer wieder, daß Teilnehmer mit Stirnlappenschädigungen diesen Wechsel offenbar nicht wahrnehmen und statt dessen unbeirrbar am alten Verfahrensweg festhalten, auch wenn sie vom Versuchsleiter immer wieder darauf hingewiesen werden. Auch Parkinson-Patienten haben mit diesem und ähnlich gestalteten Tests Probleme, deren größtes allerdings ist, daß sie offenbar von vornherein keine erfolgversprechende Vorgehensweise entwickeln können.

Schädigungen im Bereich der Basalganglien machen sich offenbar am deutlichsten bemerkbar, wenn neue und ungewohnte Informationen verarbeitet werden müssen, welche die Aufmerksamkeitsspanne überfordern, erläuterte dazu die kanadische Psychologin Ann E. Taylor in einem Fachaufsatz. Die Kranken sind dann außerstande, intuitiv neue Lösungswege aufzufinden. Offenbar ist es so, daß der Verstand den weitgehend unterbewußt arbeitenden R-Komplex dann „befragt", wenn bei der Lösung eines Problems erinnerte Erfahrungen nicht oder nicht mehr weiterhelfen. Wegen ihres Leidens versagen Parkinson-Kranke dann auch meist bei solchen Tests und können am Ende nicht einmal sagen, wie sie überhaupt auf ihre „Strategie“ gekommen sind.

Wahrscheinlich steuern die Basalganglien also intuitiv gewonnene Denkmuster zur Arbeit des frontalen Großhirns bei. Ohne diesen Beitrag wäre das Stirnhirn überfordert, weil alle erdenklichen motorischen (oder geistigen) Programme das gleiche Gewicht besäßen. Dann müßte der frontale Kortex sich mühsam durch einen Wust ungezählter und unbedeutender Wahlmöglichkeiten durchkämpfen. Doch was an Eingebungskraft fehlt, kann durch geistige Fleißarbeit wohl niemals wettgemacht werden. Wie es aussieht, braucht der Mensch eine seelische Instanz, die ihm hilft, überbordenden Wahrnehmungen sinnvolle Grenzen zu setzen. Das erklärt vielleicht auch, warum Schäden im R-Komplex eine Zwangskrankheit auslösen können. Denn diesen sogenannten Zwangspatienten ist es so gut wie nicht mehr möglich, sich überbordende Ideen – eben Zwangsgedanken – wieder aus dem Kopf zu schlagen.

Rolf Degen

Obwohl niemand so recht weiß, was der Begriff Kreativität genau bedeutet, kommen den meisten Menschen doch immer wieder ganz bestimmte Klischeevorstellungen darüber in den Sinn. Manche denken dabei an das „abgehobene" Genie, das sozusagen mit der „Gnade der Erleuchtung" gesegnet ist, manche aber auch an eine Art Allgemeingut, das jeder Mensch durch Fleiß und Hingabe für sich erarbeiten kann. Die wenigen gesicherten Fakten aus der Psychologie reichen aber dafür nicht aus, einer der beiden Seiten rückhaltlos recht zu geben:

„Göttlicher Funke" aus irdischer Glut?

Hält man sich an einen weit verbreiteten Gemeinplatz, dann sind schöpferische Menschen vom Charakter her aus einem ganz besonderen Holz geschnitzt: ausnehmend individualistisch, unabhängig, entschieden fortschrittlich denkend und begeisterungsfähig. Durch ihr chaotisches und zugleich einfallsreiches Denken unterscheiden sie sich angeblich von jenen Geistern, die zwar geordnet und analytisch denken, doch von Kreativität oft sehr weit entfernt sind. Sogar Wissenschaftler, die um die Charakterisierung besonders schöpferischer Kollegen gebeten worden waren, warteten prompt mit ähnlichen Stereotypen auf. Es gilt offenbar als ausgemacht, daß kreatives Denken deshalb zu herausragenden Ergebnissen führt, weil es sich nicht durch Normen und Konventionen einengen läßt, faßte Professor Franz E. Weinert diesen Stand der Dinge zusammen, wie er ihn am Max-Planck-Institut für psychologische Forschung in München ermittelt hat.

Bis zu einem gewissen Grad wurzeln diese Vorstellungen im Geniekult des 19. Jahrhunderts, der den schöpferischen Akt mit einer „Erleuchtung" aus göttlichen Gefilden gleichsetzte. Zu dieser Sicht der Genialität gehört auch die Auffassung, daß es sich beim Genius um einen außerordentlichen Menschen handelt, der über außergewöhnliche – unbewußte – Kanäle zu seinen Inspirationen gelangt. Es hat sich ein regelrechter Mythos eingeschlichen, der besagt, daß der „Kuß der Musen" nach dem immer gleichen dramatischen Muster verläuft. Auf eine Phase der „Präparation", in der sich der Kreative erfolglos eines Problems annimmt, folgt das Stadium der „Inkubation", in dem die Fragestellung im Unbewußten wiederkehrt. Im Augenblick der „Illumination", der sich zu den unmöglichsten Gelegenheiten ereignen kann, leuchtet im Kopf des Genies dann die Lösung auf, die im Stadium der „Verifikation" systematisch erhärtet wird.

Der Glaube an dieses metaphysische Schema wird nach Weinert auch durch verschiedene Selbstzeugnisse berühmter Wissenschaftler gestützt. Alle verfügbaren kritischen Untersuchungen legen aber nahe, daß die Betreffenden selbst einer mythologischen Überhöhung ihrer Vergangenheit erlegen sind. Die genaue Analyse zeigt, daß die kreativen Prozesse weit weniger individuell, herausragend und einzigartig sind als die sich daraus ergebenden Schöpfungen. Kreatives Denken steht nicht im Widerspruch zum analytischen Denken, denn es gibt zwischen beiden mehr Gemeinsamkeiten als Unterschiede. Außerdem erfordern schöpferische Leistungen in der Regel ein gerütteltes Maß an ganz gewöhnlicher harter Arbeit, Anstrengung und Beharrungsvermögen. Ein Prozent Inspiration muß aber nicht nur durch die sprichwörtlichen 99 Prozent Transpiration, sondern auch durch Glück und die Nutzung sich bietender Chancen ausgebaut werden.

Der „demokratische" Mythos, der sich Ende des 19. Jahrhunderts formte, sagt aus, daß jeder – mehr oder weniger – über Kreativität verfügt. Schöpferisches Denken wäre demnach wie Intelligenz ein universelles menschliches Merkmal. Zur Kreativität gehört etwa die Fähigkeit, Probleme und Fragestellungen auch dort zu erkennen, wo der oberflächliche Blick keinerlei Unklarheit sieht. Divergentes Denken, ein weiterer Bestandteil der Kreativität, erlaubt, Fragestellungen gleichzeitig aus mehreren gegensätzlichen Perspektiven anzugehen. Auch ein ideenreiches und flexibles Denken zeichnet das Schöpferische im Menschen aus. Mit sogenannten Kreati-

vitätstests versuchen Psychologen seit einiger Zeit, den persönlichen „Kreativitätsquotienten" auszuloten, doch ohne sonderlichen Erfolg, wie Weinerts Bericht zu entnehmen ist. Es hat sich dabei vor allem als unmöglich erwiesen, herausragende schöpferische Leistungen in Kunst und Wissenschaft vorherzusagen. Man erwartet schließlich auch im Alltag nicht von seinen „etwas originelleren" Mitmenschen, daß sie große Entdecker und Künstler sind – genausowenig, wie ein heraus ragender Wissenschaftler im grauen Alltag auch ein origineller Mensch sein muß.

Wenn tatsächlich jeder Mensch bei der Geburt sein Quantum Kreativität mit in die Wiege gelegt bekommen sollte, dann müßte sich diese eigentlich auch fördern und „kultivieren" lassen. „Dazu gibt es viele Trainingsprogramme, deren Erfolg leider in erster Linie darin besteht, die Fähigkeit zu steigern, Aufgaben in Kreativitätstests erfolgreich zu lösen", dämpft der Psychologe nicht ohne Ironie den Optimismus, der damit oft verbunden wird. Manche Programme und Techniken bauen auf der These auf, daß jedem Menschen beträchtliche schöpferische Anlagen zur Verfügung stehen würden, diese aber meist durch hinderliche Umstände wie etwa ein geistig einengendes Elternhaus verschüttet würden. Das beliebte „Brainstorming" etwa, bei dem jedes Mitglied einer Arbeitsgruppe ohne Scheu und Selbstzensur auch die ausgefallensten Ideen vom Stapel lassen kann, wobei Lachen der anderen auch in renommierten Firmen oft todernst verboten ist, versteht sich als eine den Einzelnen ermutigende Reaktion auf eine Gesellschaft, die ihren Mitgliedern ungezählte Hemmungen aufbürdet. Die Teilnehmer an solchen Brainstormings berichten denn auch oft über gunstige Erfahrungen und den Eindruck, besonders kreative Leistungen vollbracht zu haben. Doch nach Weinert ist das leider nur eine Illusion, da auch eine Brainstorming-Bilanz nicht besser sein kann als die Leistung des besten Teilnehmers. Selbst bei Gruppensitzungen ohne ein solches ausdrückliches „Brainstorming" kommt unter dem Strich in aller Regel ein vergleichbares Ergebnis heraus. Des Kaisers neue Kleider kleiden bekanntlich nicht.

Wegen des Mißerfolgs herkömmlicher Kreativitätstheorien ist die Wissenschaft in den letzten Jahren auf einen ganz neuen Trend eingeschwenkt. Demnach hängen schöpferische Leistungen vor allen Dingen davon ab, daß der Betroffene in einem bestimmten Bereich geradezu Berge an „spezifischem Wissen" erworben hat. Dazu gehören natürlich nicht nur einfach Sachkenntnisse, sondern auch das sogenannte „prozedurale Wissen", das abstrakte Fähigkeiten wie „Handwerk" und „Knowhow" umfaßt. Vor diese Errungenschaften haben die Götter aber offenbar viele Jahre des ausdauernden, von Leidenschaft getriebenen Lernens gesetzt, das durch keinen Kursus zu ersetzen ist.

Rolf Degen

Angefangen hat es wohl damit, daß Menschen beeindruckt waren von der ungeheuren Geschwindigkeit, mit der schon die ersten elektronischen Rechenanlagen addieren und multiplizieren konnten. Ungeahnte Möglichkeiten taten sich da auf. Etwa in den fünfziger Jahren kam man auf den Gedanken, daß diese blitzschnell rechnenden Maschinen auch Schach spielen oder andere Probleme lösen können müßten. Und damit kam auch ihre mutmaßliche „Intelligenz" in die Diskussion:

Die intelligente Kunst der Künstlichen Intelligenz

Künstliche Intelligenz (KI) ist seitdem zu einem Begriff geworden, der Menschen sowohl als Gegenstand von Zukunftsromanen als auch als Thema philosophischer Diskussionen bewegt: Geht es doch um das Eindringen von Maschinen in die dem Selbstverständnis so wichtigen Domänen von Lernen, Verstehen, Planen und Erfinden. Welche Folgen dies für das Selbstbild des Menschen haben könnte, hat die Soziologin und

Philosophin Barbara Becker in ihrem Buch „Künstliche Intelligenz“ dargestellt.

Zwei Bereiche der Künstlichen Intelligenz gibt es von ihrer Zielsetzung her. Auf der eher anwendungsorientierten Seite steht der Wunsch im Vordergrund, leistungsfähigere und vielseitigere Rechner zu entwickeln, um „Maschinen zu Leistungen zu befähigen, die beim Menschen Intelligenz erfordern würden“ – so der amerikanische Wissenschaftler Marvin M. Minsky. Grundlage für diesen Zweig der KI-Forschung ist der Wunsch, Computer zu entwerfen, die nicht mehr an das starre und stumpfsinnige Abarbeiten von bis ins Detail geplanten Programmen gebunden sind, sondern die bei der Wahl von Lösungswegen für verschiedene Probleme flexibel sind.

Daneben gibt es aber auch den Wunsch, Maschinen zu entwerfen, die tatsächlich intelligent sind – und nicht nur „so tun, als ob“. Durch die Nachahmung menschlichen Denkens auf dem Computer sollen sogar Einblicke in die Grundlagen der Vorgänge gewonnen werden, die menschliche Gehirne denken lassen. Einige Philosophen gehen sogar so weit zu behaupten, daß „intelligent sein“ gleichbedeutend sei mit „so tun können, als ob man intelligent sei“. Solche Auffassungen haben ihre Wurzel in den Ansichten des Behaviourismus, einer psychologischen Schule, die die Selbstbeobachtung als eine zu ungenaue Methode ablehnte und sich nur auf äußerlich beobachtbare Reaktionen und Verhaltensweisen verlassen wollte. Dem steht in neuerer Zeit die Kognitionspsychologie gegenüber, die, ebenfalls von der KI-Forschung angeregt, die Grundlagen menschlicher Fähigkeiten des Denkens, der Erkenntnis und der Kreativität untersuchen will. Auch Ergebnisse der modernen Neurophysiologie über den Aufbau des Gehirns und die Art der Verknüpfung seiner Teile tragen zunehmend zu einem fächerübergreifenden Forschungsfeld bei, das allgemein als Kognitive Wissenschaft bezeichnet wird.

Bisher behauptete noch niemand, eine „intelligente Maschine“ gebaut zu haben. Die Ergebnisse der KI-Forschung sollen aber schon heute in Form sogenannter Expertensysteme für Forschung, Planung und Verwaltung dienstbar gemacht werden. Ziel ist es, das Fachwissen menschlicher Experten für besonders komplizierte Arbeitsgebiete jedermann maschinell zugänglich zu machen. Ein Expertensystem besteht grundsätzlich aus einer Wissensbasis, in der Informationen zu einem verhältnismäßig eng umgrenzten Sachbereich gespeichert sind, ferner aus einer sogenannten Inferenz-Maschine, die logische Schlüsse zu ziehen vermag, und aus einer Kommunikationsschnittstelle mit dem Benutzer, an der dieser seine Fragen eingibt und Erklärungen erhält, die er dann im Dialog mit der Maschine weiter hinterfragen kann. Expertensysteme werden etwa zur Dateninterpretation, zur Gestaltung von Bauteilen und zur Diagnose von Krankheitsbildern eingesetzt.

In der Wissensbasis eines solchen Expertensystems sind Aussagen über Vorgänge, Gegenstände und Beziehungen zwischen solchen Gegenständen in einer Form gespeichert, die die darin enthaltenen Informationen den logischen Verknüpfungen der Inferenz-Maschine zugänglich macht. Sie können beispielsweise in der von der menschlichen Sprache her vertrauten Subjekt-Prädikat-Struktur festgehalten sein; aus den Aussagen „Hunde bellen" und „Fifi ist ein Hund" könnte etwa der Schluß gezogen werden, daß „Fifi bellt". Sogenannte semantische Netzwerke stellen demgegenüber Gegenstände und Eigenschaften als Punkte in einem Diagramm dar, zwischen denen Verbindungslinien gezogen werden können, denen unterschiedliche Bedeutungen wie „ist größer als" oder „gehört zu" zukommen. In einem solchen Schema lassen sich besonders leicht Gedankenverbindungen – Assoziationen – zwischen Gegenständen darstellen.

Der Aufbau der Wissensbasis stellt die KI-Forscher vor die Aufgabe, das Wissen menschlicher Experten in eine dem Computer gemäße Sprache zu übersetzen. Oft sind aber Menschen gar nicht in der Lage, ihre besonderen Fähigkeiten in Worten auszudrücken. Zu wichtig sind Intuition und der „Blick für das Ganze" etwa bei der Diagnose einer Krankheit durch einen erfahrenen Arzt. Fachleute, so zeigen neuere Untersuchungen, verfügen oft gar nicht über ausgefeiltere Lösungsstrategien für Probleme als Laien; sie sind aber in der Lage, bedeutsame Informationen von unwichtigen Details zu trennen, Problemtypen zu erkennen, auch anhand ungenauer Daten Hypothesen aufzustellen und diese, falls notwendig, ebenso rasch zu verändern oder ganz aufzugeben.

Oft stellen Menschen sogar sie selbst überraschende Querverbindungen zu Problemen aus ganz anderen Lebensbereichen her – eine Möglichkeit, die Expertensystemen schon deshalb versagt bleibt, weil sie auf ihr Fachgebiet, eine „Mikrowelt" für sich, beschränkt sind. Kreative Ideen entstehen beim Menschen häufig unbewußt, nach einer Zeit der inneren Verarbeitung des Problems, und werden anschließend nur noch logisch überprüft. Dabei mag eine Rolle spielen, daß Begriffen im Gehirn keine eindeutigen und unverrückbaren Bedeutungen zugeschrieben werden – ihnen haftet stets die Verbindung des Erlebten an, etwa zu der Situation, in der ein Wort zum erstenmal gehört wurde, oder zu verschiedenen Erklärungen, die vielleicht streng genommen sogar miteinander unvereinbar sind. Bedeutungen und Assoziationen, die ein Mensch mit einem bestimmten Begriff verbindet, sind daher kultur- und situationsabhängig und von der Lebensgeschichte des Einzelnen mitgeprägt. Deshalb stimmt auch eine Erinnerung niemals vollständig mit dem Erinnerten überein – anders als eine mehrfach vom Computer aus seinem Speicher abgerufene Information. Der Mensch vergißt, und er fügt hinzu. Das Spiel der Gedanken schafft reiche, teils unsinnige, teils geniale Verbindungen.

Die wichtigsten Philosophen würden heute einem Computer prinzipiell die Möglichkeit von Intelligenz nicht absprechen, nur weil er eben eine Maschine ist. Auch das menschliche Gehirn besteht ja „nur aus Materie" und bringt doch den Geist hervor. Vielleicht müßte es einem „intelligenten" Computer erlaubt sein, Konzepte durch Erleben zu bilden und zu verändern, Unsinn zu denken und zu spielen. Aber diese Spekulation kann auch völlig unzutreffend sein, da der vorliegende Bericht nun mal von einem Menschen verfaßt wurde.

Martin Ebeling

GESCHICHTEN, DIE DIE FORSCHUNG SCHREIBT

RÜCKBESINNUNG AUF DIE UNORDNUNG

Von Ordnung, Chaos und den Wundern des Werdens

Die Chaosforschung hat die Naturwissenschaften fast wie eine ansteckende Krankheit befallen und zieht auch über sie hinaus immer weitere Kreise. Denn was jeder Entscheidungsträger schon immer zu wissen glaubte, ist, daß die herkömmliche Verknüpfung von Ursache und Wirkung ihre Schwächen hat. Vor allem Richter tun sich schwer damit, wenn sie einen menschlichen „Schuldverursacher" allein nach kausal begründeten Gesichtspunkten verurteilen sollen:

Von Chaos und gesundem Rechtsempfinden

Um was es in der neuen Forschungsrichtung geht, umschreiben Fachbücher mit Begriffen wie „dynamische Komplexität" oder „nichtlineare dynamische Prozesse". Das klingt abgelegen und abstrakt, ist aber durchaus sehr wirklichkeitsbezogen, wenn nicht gar alltäglich. Wann immer ein Blitz zuckt, ein Farn wächst, eine Küstenlinie entsteht, wann immer Wolken sich bilden, eine Turbine losdonnert, ist Chaos im Spiel. Da entstehen wirre Muster oder zerfranste Gewebe jenseits der Regelmäßigkeit geometrischer Formen wie Kugel, Würfel, Kreis oder Gerade. Solche Gebilde und die Prozesse, die sie hervorbringen, lagen zwar schon immer im Blickfeld der traditionellen Wissenschaft, doch hat diese sie bisher entweder durch die falsche Brille betrachtet oder schlicht vor ihrer Kompliziertheit kapituliert.

Professor Heinz-Otto Peitgen untersucht diese Vorgänge an der Universität Bremen. Für den prominentesten Chaosforscher Deutschlands besteht die Wichtigkeit der neuen Forschungsrichtung darin, daß sie überkommenes Denken in den Naturwissenschaften grundsätzlich in Frage stellt. Denn dort herrschte bislang noch das Dogma des Determinismus, also der Vorherbestimmtheit, das der Naturforscher Pierre Simon Laplace im 18. Jahrhundert erstmals zum Gleichnis vom allwissenden Dämon verdichtete: „Wenn es einen Dämon gäbe, der zu einem Zeitpunkt alle Kräfte, Geschwindigkeiten und Positionen aller Atome des Universums kennen würde, so könnte dieser die gesamte Zukunft und Vergangenheit berechnen."

Das einfache Ursache-Wirkung-Denken, welches das von Laplace beschriebene Universum voraussetzt, hat die Chaosforschung dann ins Schwanken gebracht und den Laplace'schen Dämon seiner Allmacht beraubt. Zwar beruft sich auch die Chaostheorie auf die Naturgesetze, doch macht sie zugleich klar, daß viele dieser Gesetzmäßigkeiten eine fatale Unsicherheit in sich bergen. Denn wer Gesetze benutzt, um Prognosen zu machen, muß den Ausgangszustand sehr genau kennen. Die Wetterdaten von morgen zum Beispiel lassen sich ohne die Wetterdaten von heute bestenfalls erraten. Hier aber liegt das Problem: Viele Naturphänomene sind von der Art, daß sich schon winzige Unsicherheiten in den Ausgangsdaten zu verheerend anderen Abläufen auswachsen können. Der Meteorologe Edward Lorenz, der das Wetter erstmals als ein chaotisches System erkannte, prägte dafür den Begriff des Schmetterlingseffekts: Der Flügelschlag eines solchen Tierchens in Brasilien könnte Wochen später einen Wirbelsturm in Boston auslösen. Die Chaostheorie ersetzt also die prinzipiell denkbare Vorhersagbarkeit durch eine tatsächlich auftretende Ausweitung des Irrtums, sie gesellt der theoretischen Ordnung das praktische Chaos hinzu. Dadurch macht sie Schluß mit einem Denken, das jeden Vorgang in eine geradlinig schlüssige Abfolge berechenbarer Schritte zerlegt, deren Endergebnis exakt vorhersagbar sei. Simples Alltagsdenken, das auf Regeln beruht wie „Ähnliche Ursachen haben ähnliche Wirkungen", wird damit grundsätzlich in Frage gestellt.

Die möglicherweise verhängnisvollen Auswirkungen dieses allzu einfachen Denkens zeigt Peitgen vor dem Hintergrund der Contergan-Tragödie auf: „Wenn zum Beispiel ein neues Medikament bei einem bestimmten Prozentsatz von Probanden eine gewünschte Wirkung hat, wird eine positive Ursache-Wirkung-Beziehung angenommen. Tatsächlich war Contergan ein wirksames Schlafmittel!" Gerade der menschliche oder tierische Organismus, so argumentiert er, sei mit ziemlicher Sicherheit ein komplexes System, das an der Grenze zwischen Chaos und Ordnung dahintreibe und das – im Bild des Wetterbeispiels gesprochen – durch den Flügelschlag eines Schmetterlings in eine andere Entwicklung gestoßen werden könne. „Und das würde heißen“, führt Peitgen aus, „daß das System Mensch mal unter einer toxischen Belastung überhaupt nicht gefährdet ist, auch dann nicht, wenn die Belastung ziemlich hoch ist, und mal dasselbe System Mensch bei einer ganz kleinen toxischen Belastung sozusagen aus dem Tritt kommt.“

Eine erste Konsequenz daraus ist, daß Toxikologen diese neuen Erkenntnisse bei der Festlegung von Grenzwerten für Schadstoffe stärker beachten sollten. Solange sie ihre Grenzwerte aufgrund schlichter Dosis-Wirkung-Beziehungen und mit Hilfe von „Pi-mal-Daumen-Regeln quasi mit dem Holzhammer“ machen, meint Peitgen, dürften sie sich nicht wundern, daß diese Grenzwerte fortschreitend heruntergesetzt werden müssen. Ein drastisches Absenken aller Grenzwerte fordert der Chaosforscher, solange das Ineinandergreifen der vielfältigen Wirkungsmechanismen nicht vollständig verstanden ist. Dies sei auch dadurch begründet, daß sich manche Umweltbelastungen aufsummieren. „Wenn wir zum Beispiel erst einmal unser Land gleichmäßig mit Dioxin eingedeckt haben, hilft uns die Einsicht, daß wir von zu optimistischen Grenzwerten ausgegangen sind, leider nichts mehr.“ Gerade bei dem möglicherweise chaotischen System Ökologie sei Vorsicht angebracht. „Ein Arzt muß bei falscher Dosierung mit einem Kunstfehler leben, aber eine langfristige Vergiftung unserer Umwelt stellt eine neue Qualität der Schuldhaftigkeit dar, die nur mit dem Holocaust vergleichbar ist.“

Auch für das Rechtsempfinden klagt Peitgen Nachwirkungen der Erkenntnisse aus der Chaostheorie ein. Denn gerade die Rechtstradition ist dem Grundsatz unmittelbar erkennbarer Ursache-Wirkung-Beziehungen verhaftet. „Genau deshalb“, so der Chaosforscher, „können sich die, die für den Tod von Arbeitern in Asbest verarbeitenden Fabriken verantwortlich sind, so leicht aus ihrer juristischen Verantwortung stehlen.“ Denn die unmittelbare Ursache-Wirkung-Beziehung ist ja kaum zu beweisen. Wo diese Denkweise aber durch die Chaostheorie in Frage gestellt wird, müssen die Begriffe der Verursachung und der Schuldhaftigkeit neu gefaßt werden.

Über solche Lehren werden Rechtswissenschaftler nicht gerade glücklich sein. Ist doch die Anwendung des Schuldbegriffs ganz entscheidend für die Durchsetzung der Bürgerrechte gewesen, hat viele vor der Willkür des rechtsfreien Raums geschützt und vor den Folgen falscher Anklagen bewahrt. Daß die gesamte Rechtskultur ins Wanken kommen könnte, daran glaubt Peitgen allerdings nicht; er meint, das werde langsam, schleichend kommen. Immer mehr Richter würden sich fragen: Bin ich eigentlich auf der richtigen Spur, wenn ich in dieser Situation nach einem kausal begründeten Verschuldungsprinzip suche und nur darauf mein Urteil begründe?

Außerdem sind unliebsame Folgen für Peitgen kein Grund, das Denken einzustellen. Er hält es mit dem aufklärerischen Standpunkt: „Wenn wir neue Erkenntnisse haben, müssen wir die auch auf ihre Konsequenzen hin durchdenken."

Dr. Bernd Schuh

Meist unerwartet und ohne spürbare Vorzeichen ereilt der „plötzliche Herztod“ anscheinend völlig gesunde Menschen. Allein in Deutschland erliegen ihm jährlich etwa 100 000. Vielleicht trägt nun die Chaosforschung zu einer neuen Methode der Diagnostik bei, die mehr Licht in dieses unheimliche Dunkel bringen könnte:

Auch kranke Herzen sind „Chaoten“

Ein plötzlicher Herztod tritt vereinfacht dann ein, wenn die Zellen des Herzmuskels, deren Tätigkeit normalerweise durch sogenannte Schrittmacherzellen aufeinander abgestimmt und gesteuert wird, aus dem Rhythmus geraten und in „wühlende Bewegungen als Folge kreisender Erregung“ verfallen. Das stoppt den Pump-Prozeß des Herzens und bringt den Kreislauf schlagartig zum Stillstand. Was den Zusammenbruch des Regelsystems auslöst, ist nach wie vor unbekannt. Selbst bei Menschen mit stark vorgeschädigtem Herzen, von denen etwa ein Drittel dem plötzlichen Herztod zum Opfer fällt, ist es der medizinischen Forschung noch nicht gelungen, besondere Gefährdungsfaktoren herauszuarbeiten.

Der Zufall vor der Entdeckung des neuen diagnostischen Verfahrenswegs bestand darin, daß ein Kardiologe und ein Astrophysiker ihren Söhnen bei einem Jugendfußballspiel zusahen, miteinander ins Gespräch und damit auch ins Fachsimpeln kamen. Das führte dann im Juli 1991 in München zur Gründung des „Zentrums für nichtlineare Dynamik in der Kardiologie“. In diesem Zentrum begannen Herzspezialisten der I. Medizinischen Klinik der Technischen Universität München um Privatdozent Dr. Georg Schmidt und Astrophysiker des Max-Planck-Instituts für extraterrestrische Physik in Garching um Professor Gregor Morfill den Versuch, mit Hilfe der Chaosforschung mehr Licht in das Dunkel der Herzregulierung und ihrer Störungen zu bringen.

Die Chaosforschung ist längst mehr als ein nur modischer und philosophisch-spekulativer Trend. Sie hat in vielen Wissenschaftsbereichen schon zu erstaunlichen und außerordentlich ermutigenden Ergebnissen geführt. Als „chaotisch“ gilt ein Verhalten, das mit der überkommenen, streng ursachenbezogenen naturwissenschaftlichen Methodik nicht faßbar und damit auch nicht zu erklären ist. Dabei sind chaotische Systeme im eigentlichen Wortsinn aber keineswegs chaotisch, also regellos und rein zufallsgetrieben. Sie verkörpern vielmehr das Ergebnis eines unüberschaubar komplizierten Zusammenwirkens von Untersystemen, die, jedes für sich, sehr wohl faßbaren Naturgesetzen gehorchen – die Physiker sprechen deshalb lieber von „deterministischen chaotischen Systemen“.

Im Hinblick auf das Prinzip solcher Systeme sind die sogenannten Doppelpendel gut „durchschaubare“ Beispiele. Wird an ein Pendel ein zweites angehängt und das Ganze in Bewegung gesetzt, kommt es schon nach wenigen Ausschlägen zu ganz regelwidrig wirkenden, sprunghaften und nicht mehr vorhersagbaren Bewegungen – obwohl doch jedes Pendel für sich genommen ein eindeutigen Gesetzen folgendes deterministisches (vorhersagbares) System darstellt, bei dem die Schwingungsdauer von der Länge des Pendels abhängt. Diese einfache Beziehung wird beim Doppelpendel sozusagen vergewaltigt. Denn dadurch, daß der Aufhängepunkt des zweiten Pendels mit dem ersten Pendel auf einem Kreisbogen hin- und herschwingt, bauen sich undurchschaubare Kräfte auf, die diese Bewegungen völlig verzerren – auf eine Weise, die auf den Betrachter zwar chaotisch wirkt, aber dennoch in jedem Augenblick den Naturgesetzen unterworfen ist.

Diese Wechselwirkungen zu erfassen, ist außerordentlich schwierig. Sie machten die Entwicklung eines neuen mathematischen Instrumentariums erforderlich, das inzwischen leistungsfähig genug ist, um viele bisher nicht verstandene Phänomene erklären zu können. So gelang es den Münchener Astrophysikern zum Beispiel, das „chaotische“ Verhalten von Farbstofflasern zu analysieren und, auf diesen Ergebnissen aufbauend, auch die Schwankungen der Leuchtkraft von Neutronensternen. Diese bis dahin als rein zufällig gedeuteten Schwankungen ließen sich nun als Wechselspiel zwischen dem Strahlungsdruck und dem Absturz von Materie auf die Oberfläche dieser Objekte auffassen, die nur noch einige zehn Kilometer durchmessende und enorm verdichtete Überreste einstiger Sterne von etwas mehr als Sonnengröße sind.

Da biologische Systeme oft außerordentlich vielschichtig sind, verhalten sie sich häufig in dem beschriebenen Sinne deterministisch-chaotisch. Beim Herzen beginnt das bei den Stoffwechselvorgängen in jeder einzelnen Zelle, die auf molekularer Ebene ablaufen, und setzt sich über den Signalaustausch zwischen den Zellen bis zur Funktion spezialisierter Zellverbände und bis zum Status des Organs als Ganzes fort. Dazu kommen Einflüsse von „außen“: vom Blutkreislauf, vom Hormon- und vom Zentralnervensystem. Zwischen all diesen Ebenen laufen vielfache Wechselwirkungen und Rückkopplungen ab, wobei auch Einflüsse auf Seele und Gemüt eine Rolle spielen.

Ziel der Münchener Forscher war es, in den Herzsignalen bisher unentdeckte Gesetzmäßigkeiten aufzudecken. Als Meßgröße wählten sie dazu die sogenannten R-Zacken im Herzstrom- oder Elektrokardiogramm, dem EKG. Diese Zacken, die mit einer Genauigkeit von einer Tausendstelsekunde gemessen werden können, geben den zeitlichen Abstand zwischen zwei Herzaktionen wieder, entsprechen also einer Pulsmessung. Die Forscher konzentrierten sich dabei auf vier dieser Zacken in den Herzstromkurven und vermaßen deren zeitliche Abfolgen: vom ersten zum zweiten, vom zweiten zum dritten und vom dritten zum vierten.

Die dabei gewonnenen Werte wurden dann in ein Diagramm übertragen, in dem sie wie in einem Raum frei schwebend dargestellt werden. Würde das Herz ganz zufällig schlagen, müßten die aus vielen aufeinanderfolgenden Messungen stammenden Werte in einer solchen Abbildung eine zerstreut-ungeordnete Wolke bilden. Das tun sie aber keineswegs – sie ordnen sich zu Figuren, die bei Menschen mit unterschiedlicher Herzsituation auch unterschiedliche Formen annehmen. Bei Gesunden bildet sich eine schrägliegende, stabförmige Wolke, die sich bei Patienten mit Herzrhythmusstörungen zigarrenförmig ausweitet. Bei Patienten mit Herzvorhof-Flimmern und bei solchen, die später am plötzlichen Herztod starben, zeigte das Raumdiagramm jedoch völlig ungeordnet verteilte oder in fast bizarr anmutenden Strukturen angeordnete Meßpunkte.

Diese erstaunlichen Feststellungen werden von den Herzspezialisten als Meilenstein am Weg zu einem leistungsfähigen Herzdiagnoseverfahren gewertet. Daß bereits eine vergleichsweise einfache Pulsmessung derart aussagekräftige Ergebnisse liefern kann, hat zur Folge, daß künftig auch andere Kennwerte der Herzstromkurve mit den Mitteln der Chaosforschung analysiert werden. Man kann darüber hinaus erwarten, daß dieses Projekt auch für andere Bereiche der medizinischen Diagnostik wegweisend wird.

Dietrich Zimmermann

Wenn ein Mensch seinen Gedanken freien Lauf läßt, erzeugt sein Gehirn ein wirres und undurchschaubares Muster von Nervenimpulsen, die sich als Kurven in seinem Hirnstrombild niederschlagen. Wie die Chaosforschung nachgewiesen hat, enthält dieser „Gesang der Neurone" aber den Schlüssel zum Verständnis einer uralten Vermutung, nach der ein meist wohl nicht unerwünschter Seelenzustand die „kleinen grauen Zellen" ganz schön in Mitleidenschaft ziehen kann:

Liebe macht tatsächlich „blind"

Es gibt inzwischen viele Hinweise darauf, daß die Gesundheit und das bestmögliche „Funktionieren" eines Organismus mit instabilen, chaotischen „Schwankungen" verbunden sind. Ein Organ, das so mechanisch „tickt" wie eine Uhr, kann nicht mehr empfindlich auf kleine Veränderungen reagieren und ist vom Erstarrungstod bedroht. So schlägt auch jedes gesunde Herz in bestimmten Grenzen unregelmäßig – und erweist sich als vom plötzlichen Stillstand bedroht, wenn es nur noch wie ein Metronom agiert.

Auch das Gehirn als „Motor“ der Seelentätigkeit arbeitet sozusagen chaotisch instabil, hat der Psychologe Professor Niels Birbaumer an der Universität Tübingen herausgefunden. Das Verhalten von einzelnen Nervenzellen und nervlichen Erregungsschaltkreisen ist über längere Zeit unvorhersehbar und kann durch geringfügige Schwankungen in der Ausgangslage völlig „gekippt“ werden. Das macht im Leben auch durchaus Sinn, zum Beispiel dann, wenn unscheinbare Reize wie ein leises Pfeifen einen dramatischen Effekt wie etwa eine Alarmreaktion auslösen können. Ein Anzeichen für ein solches chaotisches Funktionieren ist auch, daß die bioelektrischen Muster an einem Ort des Gehirns keine Aussage über Vorgänge in benachbarten Regionen erlauben, weil die Zentren in einem kreativen Wettbewerb liegen. Erst die instabile Komplexität schafft die Voraussetzung dafür, daß das Gehirn auf Veränderungen der Außenwelt mit höchster Sensibilität reagieren kann.

Birbaumer und andere Arbeitsgruppen haben in den letzten Jahren meßbare Kriterien für den Grad der chaotischen Hirntätigkeit entwickelt. Mit der Schlaftiefe wird danach der „Chaos-Quotient“ im Elektroenzephalogramm (EEG) immer niedriger; eine Ausnahme ist allerdings der traumbegleitende sogenannte REM-Schlaf, der von schnellen Augenbewegungen begleitet wird. In diesem Traumschlaf hat das Hirnstromwellenbild genausoviel chaotische Komplexität wie im Wachzustand. Auch der Zusammenhang zwischen Krankheit und – geringerer – chaotischer Komplexität läßt sich im EEG nachweisen. Im Gehirn von Menschen, die an Epilepsie oder Schizophrenie leiden, verlaufen diese Meßkurven außerordentlich „starr“ und gleichförmig, wie sich auch in Tübingen bestätigte. Ähnliche Tendenzen fanden sich auch bei Patienten mit Alzheimer- oder Parkinson-Krankheit.

In einer weiteren Studie erkundete das Team um Birbaumer die Gehirnstromkurven von 20 Versuchspersonen, die nach einem vorangegangenen Test entweder einen sehr hohen oder einen eher niedrigen Intelligenzquotienten (IQ) aufwiesen. Als diese ihren Gedanken freien Lauf ließen, also im „Ruhezustand“ waren, zeigten sich bei den Intelligenteren viel mehr

chaotische Hirnwellen als bei den anderen. Diese Komplexität war in den Stirnlappen des Großhirns, die das planende, vorausschauende Denken beherbergen, am stärksten ausgeprägt. Kluge Menschen sind wahrscheinlich dann, wenn sie durch äußere Reize nicht abgelenkt werden, für eigene Eingebungen und Ideen aufnahmefähiger, folgert der Wissenschaftler. Vermutlich machen sich bei ihnen mehr Erregungsschaltkreise gegenseitig Konkurrenz und kochen dabei „ihr eigenes Süppchen". Als bei diesen Experimenten die Aufmerksamkeit der Versuchsteilnehmer durch optische oder akustische Reize beansprucht wurde, verschwand der „Kompliziertheitsunterschied" zwischen den „Klugen" und den „weniger Klugen". Einfache Reize lösten dabei stets weniger komplexe Kurven als zusammengesetzte aus, und dann, wenn die Vorstellungskraft bewußt auf einen Gegenstand gelenkt wird, entsteht auch mehr chaotische Komplexität in den Gehirnen als dann, wenn dieser einfach nur besichtigt wird.

Die höchste Komplexität fanden Birbaumer und seine Mitarbeiter zwar bei den Versuchsteilnehmern, die sich Augenblicke leidenschaftlicher Zuneigung vorstellten; das „Chaos" war in diesen Fällen weitaus größer als bei schlichten erotischen Phantasien. Bei Versuchspersonen allerdings, die gerade leidenschaftlich verliebt waren, erwies sich die zentralnervöse Komplexität als deutlich verringert. Damit bestätigt sich nach Birbaumer, was einige nörglerische Dichter und Denker schon im Altertum behauptet haben: Liebe mache dumm und „blind"; sie sei wie eine Krankheit, die den Geist wie ein Rauschgift verneble. Verschmitzt und mit einer wilden Story illustriert denn Birbaumer auch, wie chaotische Vorgänge im Kopf sich zu einer Katastrophe aufschaukeln können: Eine Frau entdeckt ein fremdes Haar an der Jacke ihres Ehemanns, ihr Mißtrauen überschreitet eine kritische Masse, und sie setzt die Scheidung durch, der Mann kann die Unterhaltszahlungen nicht mehr leisten, wird arbeitslos, und beide enden als Obdachlose. So chaotisch kann zweifellos auch das „wirkliche Leben" sein ...

Rolf Degen

Vielleicht trägt die neue wissenschaftliche Disziplin der Synergetik dazu bei, daß auch der Begriff der Unordnung zum Zustand einer neuen schöpferischen Art der „Unordnung“ führt, die längst Eingeordnetes aus längst geklärt scheinenden Systemen des Denkens reißt und neue Aspekte sichtbar macht, die in vielen Wissenszweigen zu überraschend neuen Lösungen führen könnten:

Wo das Chaos kein Chaos bleibt

Zunehmend in die Kritik geraten ist die in der physikalischen Thermodynamik so nützliche und scharf formulierte Erkenntnis von der wachsenden Entropie unbelebter Systeme, die veranschaulicht ausdrückt, daß eben aus jeder Ordnung eine allmählich zunehmende und von selbst nicht mehr rückgängig werdende Unordnung entsteht. Nicht etwa deshalb, weil es die ganz große Ausnahme der Lebensvorgänge gibt, die praktisch immer aus Unordnung Ordnung schaffen. Sondern deshalb, weil auch in der Physik des Unbelebten Vorgänge ablaufen, die man eigentlich nur mit dem Begriff der Selbstorganisation beschreiben kann. Sie gelten für die sogenannten offenen Systeme, in die hinein die Zufuhr von Energie und Materie möglich ist.

Beispiele dafür gibt es genug. So etwa jenes, daß erhitztes Wasser in einem Kochtopf bei bestimmten Temperaturen nicht etwa regellos durcheinanderstrudelt, sondern die Flüssigkeitsbewegungen in einer „organisierten“ Struktur von bienenwabenartigen Strömungszellen ablaufen. Für diese sogenannten Bénard-Instabilitäten lassen sich im noch kalten Wasser nicht die geringsten Anzeichen finden.

Ein anderes Beispiel sind die Vorgänge bei der Lichtentladung eines Lasers, dessen im Gleichtakt (kohärent) schwingende Lichtwellen ganz plötzlich „da“ sind und dementsprechend auch von Atomen ausgesandt werden müssen, die irgendein noch unbekannter Systemzwang ebenso schlagartig aus dem Zustand ihrer bisher regellosen Einzelschwingungen hinausbefördert und dazu veranlaßt, wie eine Marschkolonne Schritt und Tritt zu fassen. Professor Hermann Haken ist diesen Dingen nachgegangen und hat an der Technischen Universität Stuttgart die Synergetik begründet, die Lehre vom Zusammenwirken also, mit der die Hintergründe solcher Erscheinungen erfaßt werden sollen. Die von ihr untersuchten Phänomene verweisen in vereinfachter Lesart darauf, daß es bei der Erforschung auch unbelebter Vorgänge nicht immer genügt, ein kompliziertes System durch die beschreibende Untersuchung seiner Teilsysteme zu analysieren und es lediglich als die Summe der Eigenschaften dieser Teilsysteme aufzufassen.

Schon die Beispiele des erhitzten Wassers und des Lasers verweisen vielmehr auf den überraschenden Umstand, daß solche Teilsysteme in wohlgeordneter Weise zusammenwirken und dabei aus ihrer Gesamtheit heraus Eigenschaften entwickeln können, die man in keinem einzigen dieser Teilsysteme für sich allein überhaupt beobachten oder auch nur erahnen kann.

Wie durch ein solches Zusammenwirken von Einzelteilen, seien es nun Atome, Moleküle, Zellen, Zellverbände, Kenngrößen eines wirtschaftlichen Systems, Tiere oder auch Menschen, neuartige Strukturen oder auch Verhaltensweisen im allerweitesten Sinn durch Selbstorganisation entstehen und funktionieren können, ist der Fragenkreis, der durch die Synergetik ganz allgemein abgeklärt werden soll. Inzwischen hat diese auch in Hakens Lehrbuch „Synergetics" niedergeschriebene Lehre vom Zusammenwirken schon teilweise zu ganz neuartigen Begriffsbildungen geführt, die man vorher mit Mathematik und Physik wohl kaum in Verbindung gebracht hätte. Das gilt etwa für den Begriff der Versklavung: Im Laser beispielsweise werden die Atome durch das von ihnen selbst erzeugte Laserlicht gezwungen, im Gleichtakt zu schwingen.

Entsprechend gibt es auch in der unbelebten körperlichen Welt Erscheinungen, die sich gegenüber anderen, theoretisch eigentlich gleichartigen dadurch auszeichnen, daß sie gleicher sind als gleich. Sie treten bevorzugt auf und können dabei ein Gesamtsystem in einen stabilen Zustand einer selbstorganisierten höheren Ordnung zwingen.

Die komplizierte mathematische Beschreibung solcher Vorgänge ist inzwischen schon weit vorangekommen; wo neben der immer wichtigen Erkenntnisfindung aber auch eine Anwendungsmöglichkeit liegen könnte, zeigt sich dann, wenn man die Problemstellung umkehrt. Fragt man nämlich, wie die Eigenschaften der Teile eines Gesamtsystems beschaffen sein müssen, damit sie innerhalb dieses Gesamtsystems über die Selbstorganisation ihrer bis dahin versteckten Besonderheiten in neuen gewünschten Funktionsmustern zusammenwirken können, ist dieser Weg klar.

Haken hat sich in diesem Zusammenhang auch mit der Mustererkennung in der elektronischen Datenverarbeitung befaßt und sich unter anderem ein synergetisches Computersystem überlegt. Ein solches System würde mit der heute eigentlich unumgänglich scheinenden Vorstellung aufräumen, daß eine sinnvolle Arbeitsteilung analog zu einer herkömmlichen menschlichen Bürohierarchie in einem ganzen System von Rechnern eben nur durch einen „Chefcomputer“ erledigt werden kann, der das Ganze gleichsam „leitet“ und allen Unterrechnern die Arbeit ebenso zuteilt, wie er sie kontrolliert.

In einem synergetischen System könnten die Rechner eines Verbundes indessen gleichsam demokratisch zusammenwirken, weil dann alle ihre äußeren und inneren Aktivitäten zugleich als Grundlage für die eigene Selbstorganisation zu einer höherwertigen Funktionseinheit genutzt werden könnten. Als Ziel war das seinerzeit zwar sehr hoch angesetzt, ist von Haken aber dennoch als prinzipiell erreichbar gewertet worden. Vielleicht zeichnet die weitere Entwicklung der sogenannten Parallelrechner, in denen sich manchmal Hunderte von Prozessoren die Arbeit teilen, auch einen Weg zu diesem Ziel auf.

Grundsätzlich zeigt sich aber auch daran wieder das Anliegen der Synergetik, Systemstudien nicht mit dem Studium von Teilsystemen als erledigt zu betrachten, sondern das Verhaltensmuster solcher Systeme auf jene Ordnungsfaktoren und die in ihnen möglicherweise bevorzugt ablaufenden Prozesse zurückzuführen, die ihre funktionelle Gesamterscheinung tatsächlich ausschlaggebend bestimmen.

Das könnte im Endeffekt deshalb auf vielen Gebieten zu revolutionären Entwicklungen führen, weil damit Wege vorgezeichnet werden, die weit aus dem eigentlichen Forschungsbereich der Mathematik und der sogenannten exakten Naturwissenschaften hinausführen. Beispielsweise gibt es in den Wirtschafts- und Sozialwissenschaften eine Vielzahl solcher faszinierenden Verhaltensmuster von Systemen, deren wesentlich beeinflussende Ordnungs- und Organisationsfaktoren vordringlich erfaßt werden sollten. Wie Haken einmal schrieb, arbeiten die Forscher dieser Disziplinen denn auch bereits von der anderen Seite her an einem Tunnel in den Berg der synergetischen Erkenntnisse.

Daß es möglicherweise auch dabei nicht bleiben wird, läßt sich aber aus den letzten Sätzen in Hakens allgemeinverständlich geschriebenem Buch „Erfolgsgeheimnisse der Natur" herauslesen, in denen er auf einen geisteswissenschaftlich und vor allem erkenntnistheoretisch unheimlichen Gesichtspunkt verweist: „Immer wieder mußten wir bei der Entstehung neuer Ordnungszustände mit zufälligen Ereignissen rechnen, ja oft wurde der neue Zustand erst durch diese endgültig bestimmt. Hier geraten wir nun an Probleme, die wohl bei weitem noch nicht ausgelotet sind. Sollten wir etwa sagen, beim Zustandekommen einer speziellen Laserschwingung handelt es sich um Zufälle, beim Zustandekommen eines Biomoleküls hingegen nicht?" Wie Haken meint, zeigt sich hier eine fundamentale Grenze der menschlichen Erkenntnis, gibt es in den Naturwissenschaften und wohl erst recht im philosophischen oder soziologischen Bereich eben Probleme, die prinzipiell oder nicht eindeutig lösbar sind …

Rolf H. Simen

Natürliche Formen und Muster haben die Menschen seit jeher fasziniert. Dabei hat es sie immer gereizt, die Ursachen für die Bildung der in kaum überschaubarer Fülle anzutreffenden, oft erstaunlich präzise geordneten Strukturen zu entdecken. In der belebten Natur scheint das einfach zu sein: So weiß man heute, daß der Bauplan jedes Organismus in den Genen niedergelegt ist, was beispielsweise auch die Ausbildung von Mustern wie die Streifen eines Zebras erklärt. In der unbelebten Natur herrschen allerdings ganz andere Gesetze:

Muster aus dem „Nichts" heraus

Auf der Suche nach den Ursachen der Musterbildung außerhalb der belebten Natur muß man zwei grundsätzlich unterschiedliche Typen von Systemen voneinander unterscheiden, in denen sich Ordnungen bilden können. Der eine Typus umfaßt die nach außen weithin abgeschlossenen Systeme. Dazu gehören beispielsweise Salzlösungen bei Raumtemperatur, die so gesättigt sind, daß sich in ihnen Kristalle bilden. Solche Systeme befinden sich in einem thermodynamischen Gleichgewicht: Sie haben keinen oder nur einen geringen Energieaustausch mit der Umgebung. Die Anordnung der Atome in Kristallgittern folgt dem Prinzip des niedrigsten Energiezustandes – genaugenommen der niedrigsten „freien Energie". Man könnte sagen, daß die Abstände der Atome im so entstehenden Kristallgitter ein entspanntes Nebeneinander ermöglichen – der Kristall ist bei diesen Randbedingungen stabil. Wird er allerdings erhitzt oder abgekühlt, kommt es in der Regel zu Änderungen seiner Struktur, wobei sich das neue Gitter wiederum dadurch auszeichnet, daß es ein Nebeneinander der Atome auf dem der neuen Temperatur angepaßten niedrigsten Energieniveau ermöglicht.

Bei der zweiten Gruppe sind die Systeme offen und von einem thermodynamischen Gleichgewicht weit entfernt. Hier erfordern das Entstehen und die Aufrechterhaltung einer Ordnung einen ständigen Energieaustausch mit der Umgebung.

Beispiele dafür sind astronomische Spiralnebel, Wolkenformationen, aber auch chemische Muster als Ergebnis chemischer Reaktionen, in denen sich Substanzen unterschiedlich schnell durchdringen. Wenn man etwa auf Flüssigkristalle eine elektrische Spannung einwirken läßt, können sich feingliedrige Muster herausbilden, die durchaus an Streifen auf Zebrafellen erinnern können. Ein ganz ähnliches Muster von Kristallgitterversetzungen bildet sich beispielsweise in Kupfer dann aus, wenn es immer wieder bis zur Verformungsgrenze belastet wird. Das eigentlich Bemerkenswerte daran ist jedoch, daß sich dabei charakteristische Abstände zwischen den Musterlineaturen ausbilden und daß die Muster eine ausgeprägte Orientierung zeigen.

Das Phänomen der Selbstorganisation in anorganischen festen Körpern, mit dem man der Musterbildung in der unbelebten Natur genauer auf die Spur kam, wurde im Institut für Festkörperforschung des Forschungszentrums Jülich von Forschern um Professor Werner Schilling bei der systematischen Untersuchung der Eigenschaften von Defekten entdeckt, die in Metallen beim Beschuß mit energiereichen Teilchen wie Elektronen, Ionen und Neutronen entstehen. Wenn dabei genügend Energie auf ein Atom übertragen wird, verläßt es seinen Platz im metallischen Gitter. So erhält man zwei verschiedene Defekte, ein Zwischengitteratom und eine Leerstelle. Beide sind beweglich, wobei das Zwischengitteratom schneller und leichter seinen Platz wechselt als die Leerstelle.

Ist die Energie der Bestrahlung groß genug, können in einer Art atomaren Billardspiels mehrere Atome von ihren Gitterplätzen gestoßen werden. Der Kristall kann sogar örtlich aufschmelzen und bietet dann nach Abkühlung und Rekristallisation mit vielen Leerstellen in seinem Zentrum und entsprechend zahlreichen Zwischengitteratomen weiter außerhalb ein defektreiches Bild. Diese Defekte können ganz unterschiedlich miteinander reagieren. So können sich Zwischengitteratome und Leerstellen gegenseitig wieder auslöschen, während andere Fehlstellen durch den Kristall wandern und sich möglicherweise mit weiteren Defekten der gleichen Art zu sogenannten

Clustern anhäufen, die sich dann fortschreitend vergrößern oder auch wieder verkleinern können.

Während die Zwischengitteratome schon bei tiefen Temperaturen recht beweglich sind, begeben sich die Leerstellen in der Regel erst bei Temperaturen oberhalb eines Viertels der – absolut gemessenen – Schmelztemperatur auf Wanderschaft; bei Kupfer wären das 70 Grad Celsius. Dabei liegt auf der Hand, daß die Bildung von Clustern, die häufig in Form von ebenen Ringen auftreten, zu erheblichen Verzerrungen des umgebenden Gitters führt. Auf größere Unregelmäßigkeiten des Kristalls wie Versetzungen oder Hohlräume reagieren die beiden Defektarten unterschiedlich. Während sich Zwischengitteratome bevorzugt an Versetzungen anlagern, siedeln sich Leerstellen gern in Hohlräumen an. Cluster von Zwischengitteratomen können durch das Gitter gleiten, Reaktionen zwischen solchen Ringen können zu neuen Gitterversetzungen führen.

Das Ergebnis dieser sowie einer Reihe weiterer, hier nur grob skizzierbarer Prozesse sind – bei genügend intensiver Bestrahlung – großflächige Muster von hoher Gleichmäßigkeit, die mit dem Elektronenmikroskop gut zu beobachten und zu vermessen sind. Als flächenhafte Projektionen der Bilder erkennt man dabei zum Beispiel sechseckige Punktmuster, Strichmuster, die Überlagerung von Doppellinien und andere Formen. Jedes dieser durch Selbstorganisation entstandenen Muster ist für ein ganz bestimmtes Metall und einen gewissen Temperaturbereich typisch; daneben spielt natürlich auch die Art der Bestrahlung eine wichtige Rolle. Deshalb läßt sich durch die Auswertung der Muster das Wissen über die Defekteigenschaften in den Metallen wesentlich erweitern.

Bei der Beschreibung der Musterbildung durch Modelle machte man in Jülich darüber hinaus eine interessante Entdeckung. Da beim Wechselspiel der Kräfte im Kristallgitter Rückkoppelungseffekte auftreten, konnte man auf entsprechende Diffusionsreaktionsmodelle zurückgreifen.

Mit solchen Modellen aber läßt sich erstaunlicherweise auch die Bildung der Streifenmuster von Zebrafellen beschreiben. Denn solche Streifen werden keineswegs bis ins letzte Detail durch den in den Genen niedergelegten Bauplan bestimmt, sondern durch das Wechselspiel zweier Enzyme in einer frühen embryonalen Phase. Eines fördert als sogenannter Aktivator die Bildung von Farbstoffzellen, während das andere als Inhibitor gegenteilig wirkt. Da sich beide Enzyme unterschiedlich schnell ausbreiten, kommt es zwangsläufig zu einer Musterbildung. Die Gene organisieren also nur die Enzymproduktion, während die Bildung individueller Streifen dann dem Prinzip der Selbstorganisation folgt – wie die Musterbildung beim Metallbeschuß.

Dietrich Zimmermann

Ameisen vollbringen im perfekt funktionierenden Superorganismus Insektenstaat geradezu Wunder der Selbstorganisation. Vielleicht standen sie deshalb Pate für jene „Ameisen", mit denen Forscher des Höchstleistungszentrums HLRZ im Forschungszentrum Jülich 1992 einen neuen Weltrekord in der Computersimulation aufgestellt haben. Die Tierchen stehen dabei für nicht weniger als 50 Millionen Teilchen, die im Rechner in einem Wachstumsmodell zusammenwirken, das so wenig selbstverständliche Fragen wie jene beantworten soll, wie sich zum Beispiel „aus dem Nichts" heraus faszinierend strukturierte Schneeflocken, hauchdünne galvanische Schichten oder auch Rißmuster aus der belasteten Stelle eines Materials bilden können:

Die „Ameisen" von Jülich

Es geht dabei um jene Wachstumsvorgänge, die als Folge stofflicher Durchdringungsvorgänge (Diffusion) oder anderer „Störungen" eines chemischen oder physikalischen Systems einsetzen. Dazu zählt zum Beispiel auch die galvanotechnische Ablagerung von Zink aus einer Zinksulfatlösung und somit ganz generell auch die Aufklärung des technologisch überaus wichtigen Problems der Herstellung dünner Schichten.

Wie sich so Teilchen um Teilchen nach welchen Gesetzen zu einer neuen Struktur zusammenfügen, läßt sich rechnerisch am besten am Modell des diffusionsbestimmten Wachstums (DLA) beschreiben, das die Jülicher Grundlagenforscher über die Vorstellung einer bestimmten Art von „Computerameisen" verwirklicht haben. Deren im Modell gleichsam örtlich festgehaltene „Königin" ist das erste Teilchen, an das sich alle anderen „Ameisenteilchen" im weiteren Verlauf des simulierten Wachstumsprozesses anlagern. Deshalb sind diese „Ameisen", die irgendwo im simulierten Stoffgemisch als Teilchen ausfallen, so programmiert, daß sie auf die Königin zulaufen und regungslos verharren, sobald sie diese oder sie bereits umlagernde Artgenossen berührt haben. So entsteht schließlich eine Ansammlung, zum Beispiel in der ungefähren Form eines Schneekristalls, die fachlich „Cluster" genannt wird und durch ihre Struktur sowohl den Wachstumsvorgang als auch dessen Gesetzmäßigkeit widerspiegelt – weil dabei jede noch auf den Cluster zulaufende „Ameise" genau diejenige andere erkennt, die ihr am nächsten ist und sich an diese anlagert. Mit 50 Millionen solcher „Ameisen" hat das HLRZ in einem derartigen Wachstumsmodell dann auch seinen Weltrekord aufgestellt.

Die so erzeugten Strukturen lassen vom Zentrum ausgehende große Äste erkennen, die sich in immer feinere Zweige und Blätter verästeln. Ihr wesentlichstes Merkmal ist dabei ihre Selbstähnlichkeit: Betrachtet man einen solchen Cluster unter der Lupe, so ähnelt dieser kleine Ausschnitt dem gesamten Cluster, was typisch für sogenannte fraktale Strukturen ist. Die Berechnung großer Cluster ist wichtig, weil noch unbekannt ist, wie solche anfängliche Strukturen wachsen: ob sie sich weiterhin richtungsunabhängig und damit isotrop ausdehnen oder etwa plötzlich in eine bevorzugte Richtung zu wachsen beginnen. Der Weltrekordcluster allerdings – und alle anderen bisher durchgerechneten – sprechen für einen isotropen Wachstumsvorgang.

Allerdings ist die „Herstellung" solcher Riesencluster so einfach nicht. Wie das HLRZ, ein gemeinsames Unternehmen der Stiftung Deutsches Elektronensynchrotron (DESY) in Hamburg, der Gesellschaft für Mathematik und Datenverarbeitung (GMD) in Sankt Augustin bei Bonn und des Forschungszentrums Jülich, zu seinem Weltrekord ergänzte, dauert eine solche Simulation mit „nur“ einer Million „Ameisen“ rund sieben Stunden; die 50 Millionen erforderten aber mehrere Wochen Rechenzeit auf „Workstations“. Darüber hinaus „verschlangen“ die Tierchen rund 500 Megabyte (MB) Speicher auf Magnetplatte, was 500 Millionen Zeichen zu jeweils acht, Bit genannten, Informationseinheiten entspricht. Doch der Aufwand solcher Simulationen lohnt sich nicht nur im Hinblick auf die Aufklärung der mit dem Ameisenmodell beschriebenen Wachstumsvorgänge, sondern auch für die Lösung eines ganz anderen Problems, das im Technikbereich ebenfalls von großer Bedeutung ist: dem Wachstum von Rissen in elastischen Stoffen. Auch hier zeichnen sich bereits wichtige Erfolge ab.

Rolf H. Simen

Wenn Schornsteinfeger nicht schon „schwarz“ wären, müßten sie sich schwarz ärgern. Ohne es zu ahnen, hantieren sie tagtäglich mit einem Stoff, der neuerdings bis zu zwölfhundert Dollar das Gramm kostet. In gewöhnlichem Ruß nämlich haben Chemiker eine sensationell neue Art von Kohlenstoffmolekül entdeckt, die man ebenfalls als ein „Wunder der Selbstorganisation“ betrachten kann:

Ein Molekül wie ein Fußball

Kohlenstoff ist das wichtigste Element auf der Erde, ist Grundbaustein allen Lebens. Denn das von Chemikern kurz so genannte „C-Atom“ gehört neben dem Silizium zu den einzigen bekannten chemischen Elementen, die sich mit sich selbst verbinden können, wobei sich der Kohlenstoff durch die schier unendliche Länge und Vielfalt dieser Verbindungen von dem silberweißen Halbmetall unterscheidet. Es kann auf diese Weise lange „organische“ Kettenmoleküle und Ringstrukturen bilden – oder auch „nur“ unförmige molekulare Klumpen: den Ruß. Nur zwei anorganische Formen von purem Kohlenstoff waren bisher bekannt: der fast unzerstörbare kristallklare Diamant und das weiche schwarze Graphit, aus dem zum Beispiel auch Bleistiftminen gemacht sind. Bald aber wird in den Lehrbüchern der Chemie eine dritte Variante verzeichnet sein. Es ist das Buckminsterfulleren, kürzer Fulleren genannt und noch kürzer und liebevoll „Buckyball“. Das erste dieser Fullerene erwies sich als ein kugelrundes Kohlenstoffmolekül aus genau sechzig Kohlenstoffatomen und damit von einer Gestalt, die jedem Freund des Fußballsports geradezu verteufelt bekannt vorkommen dürfte.

Mindestens so aufregend wie die Entdeckung dieser faszinierenden Gebilde ist aber auch deren Geschichte, eine Sensation auf Raten. Der erste Akt spielt im Labor des Chemikers Richard Smalley in Houston, Texas, USA. Dort steht eine Art Ofen, in dem man beliebige Substanzen verdampfen und anschließend in einem sogenannten Massenspektrometer nachmessen kann, welche molekularen Bruchstücke sich dabei gebildet haben. Als die Gruppe um Smalley im September 1985 Graphit zu Ruß macht, schlägt dieses Spektrometer bei der Massenzahl sechzig aus. Der Ruß müßte also Kohlenstoffmoleküle enthalten, die aus sechzig Kohlenstoffatomen bestehen. Das Wochenende verbringt man mit Überlegungen, wie dieses Gebilde denn aussehen könnte. Einem der Beteiligten fällt der US-Pavillon auf der Weltausstellung 1967 in Montreal in Kanada ein, den der exzentrische Architekt und Philosoph Richard Buckminster Fuller (1895 – 1983) gebaut hat. Es ist eine Kuppel aus regelmäßigen Sechsecken und Fünfecken. Da sich Kohlenstoffatome gern zu Sechserringen – wie im Benzolmolekül – zusammenfinden, kommt die Vermutung auf, daß sich solche Ringe auch zu einem Ball formieren könnten. Um dies auszutesten, versuchen die Forscher nun, ein Modell zu bauen, wozu einer Fruchtbonbons als Kohlenstoffatome und Zahnstocher als Bindungen verwendet, ein anderer den Computer quält, und Smalley selbst Sechsecke aus Papier „richtig“ zusammenzukleben versucht.

Doch erst als Smalley auch Fünfecke in seine Konstruktion einbezieht, stellt er zu seiner Überraschung fest, daß sich 20 Sechsecke und zwölf Fünfecke zu einer regelmäßigen kugelförmigen Struktur mit genau 60 Eckpunkten zusammenfügen. Die aufgeregte Nachfrage bei einem befreundeten Mathematiker, ob diese Struktur schon bekannt sei, bringt den Beteiligten die sarkastische Bemerkung ein: „Ich könnte das sehr kompliziert ausdrücken, aber um es einfach zu machen: Was ihr da gefunden habt, Jungs, ist ein gewöhnlicher Fußball."

Als „Buckminsterfulleren" – ein Phantasiename, den die Leute um Smalley dem Architekten zu Ehren erfinden – geht das Fußballmolekül 1985 in die wissenschaftliche Literatur ein. Doch für einen Volltreffer reicht das noch nicht, da es sich vorerst nur um eine noch „graue" Hypothese handelt. Smalley und Mitarbeiter schaffen es nicht, größere Mengen des geheimnisvollen Stoffs herzustellen, wie man sie für einen direkten Strukturnachweis brauchen würde.

Das gelingt erst zwei Jahre später Donald Huffman von der Universität von Arizona in Tucson und Wolfgang Krätschmer vom Heidelberger Max-Planck-Institut für Kernphysik. Sie interessieren sich eigentlich für Kohlenstoffpartikel im Raum zwischen den Sternen und dafür, wie diese Teilchen Licht filtern. Die beiden haben ihre eigene Methode, Rußpartikel im Labor zu erzeugen. Schon 1983 finden sie unerklärliche Linien in deren „Absorptionszentren". Erst die Lektüre von Smalleys Arbeit bringt sie auf die Idee, daß sie vielleicht Buckyballs im Ruß haben. Tatsächlich absorbiert ihre Probe genau bei den Wellenlängen Licht, die theoretische Überlegungen für das Buckminsterfulleren vorhersagen. Die Konsequenz ist – 1987 – ein Patentantrag für die Herstellung von Buckyballs im Labormaßstab. Erst als der 1989 alle Hürden passiert hat, trauen sich Huffman und Krätschmer, Fund und Methode zu veröffentlichen. Seitdem, bemerkt Krätschmer schelmisch, „sind wir ziemlich berühmt". Der letzte Akt endet im Frühjahr 1991, als Chemiker der Universität von Berkeley in Kalifornien den endgültigen Beweis für die Existenz des Buckyballs in Form von Röntgenaufnahmen des Moleküls vorlegen.

Die erste „Produktionsstätte“ für diese Fußbälle hat dann auch schon 1991 in Tucson den Betrieb aufgenommen. Mittlerweile werden sie auch von anderen Chemiefirmen in den USA vertrieben. Der reißende Absatz in der Chemikergemeinde illustriert die Bedeutung der Entdeckung. „Jeder Chemiker ist aufgeregt und wackelt mit dem Finger“, meint Krätschmer. Nicht nur Utopisten träumen schon von Anwendungen in Raumfahrt, Medizin und Mikroelektronik. Als winzigste Kugellager zum Beispiel müßten die Buckyballs ein hervorragendes Schmiermittel abgeben. Bemerkenswert ist auch ihre Unempfindlichkeit gegen Druck. Mit einer Geschwindigkeit von 34 000 Kilometer pro Stunde schossen kalifornische Chemiker die Buckyballs gegen eine Stahlwand, von der sie unversehrt wieder zurückprallten. Diese Eigenschaft ermöglicht Anwendungen unter extrem hohem Druck, zum Beispiel als Raketentreibstoff.

Zum anderen läßt sich der Hohlraum unter der „Netzhaut“ des Fußballmoleküls als Deponie nutzen. Phantasiebegabte schließen daraus bereits auf den künftigen Einsatz solcher Kugeln in der Krebstherapie. Quasi als trojanische Pferdchen sollen sie radioaktive Atome zu Tumoren transportieren und dort ihr Zerstörungswerk beginnen lassen.

Auch zum Schutz bestimmter Elemente vor Oxidation könnten die leeren Kohlenstoffbälle dienen. So ließe sich beispielsweise eine Batterie aus Lithium und Fluor bauen. Die beiden Elemente setzen Energie frei, wenn man sie zusammenbringt, werden aber ungeschützt schnell von Sauerstoff angegriffen. Andere Forscher sehen die Buckyballs als Grundbaustein neuer Kunststoffarten. Versehen mit molekularen „Anhängseln“ ließen sie sich zu langen Ketten oder Bäumen verbinden, ein völlig neuer Chemiezweig könnte daraus entstehen.

Aber auch für weitere Überraschungen ist das neue Spielzeug der Chemiker gut, wie beispielsweise eine Meldung aus dem Jahre 1991 zeigt, nach der Fullerene durch Zugabe von Kalium supraleitend werden, also elektrischen Strom ohne Widerstand passieren lassen. Und dies schon bei der erstaunlich hohen Temperatur von 19 Grad über dem absoluten Nullpunkt, der bei minus 273 Grad Celsius liegt. Im August 1991 zeigte sich dann, daß Fullerene durch die Zugabe von Rubidium sogar bereits bei 42 Grad über dem Nullpunkt supraleitend werden. Und auch beim „Fußball" ist es nicht geblieben. Inzwischen sind schon Fullerene aus weit mehr als 60 Kohlenstoffatomen bekannt, so daß dieses faszinierende Kapitel der Grundlagenforschung bestimmt noch viele spannende Fortsetzungen finden wird.

Dr. Bernd Schuh

Der in der Biochemie schon fast sprichwörtlich wirkende Vergleich eines chemischen Moleküls mit einem Schlüssel, der in das Schloß eines anderen passen muß, damit eine Reaktion überhaupt eintreten kann, macht eindrucksvoll deutlich, daß solche Substanzen nicht nur aus der Summe bestimmter Atome bestehen, sondern auch ganz genau die „richtige" Form haben müssen. Wenn die Natur solche Formen allerdings auch noch spiegelt, wird die Angelegenheit kompliziert:

Linksherum süß und rechtsherum bitter

Wie Moleküle „miteinander reden" ist die Forschungsfrage, die sich Chemiker um Professor Gerhard Erker an der Universität Münster gestellt haben. Gemeint ist damit eine Art des Redens, die am besten an den Unterschieden deutlich wird, die sich zeigen, wenn man mit seiner rechten Hand die rechte Hand eines anderen Menschen drückt – und dann dessen linke Hand. Denn im ersten Fall ist die „Wechselwirkung" zwischen den beiden Händen sozusagen problemlos, die zwischen der rechten und der linken Hand aber etwas schwieriger, weil rechte und linke Hand eben Spiegelbilder und damit nicht miteinander identisch sind.

Diese im Fachjargon Chiralität genannte „Händigkeit" durchzieht auch das Reich der organischen Chemie und bestimmt den „Dialog" der Moleküle untereinander. Prominentestes Beispiel dafür ist das Kohlenstoffatom, dessen vier Wertigkeiten oder Bindungskräfte für andere Atome räumlich so ausgerichtet sind, daß sie einen Tetraeder gewissermaßen vorgeben. Entsprechend hat also ein einfaches Kohlenstoffmolekül, an dessen zentrales Kohlenstoffatom vier andere Atome angebunden sind, die räumliche Form einer solchen dreiseitigen Pyramide.

Händigkeit kommt hier allerdings ins Spiel, wenn man dieses Molekül zum Beispiel an seiner Grundfläche oder einer inneren Symmetrieebene spiegelt. Denn dann entstehen zwei miteinander nicht identische Tetraeder von dennoch identischer atomarer Zusammensetzung, da zum Beispiel die – mit einem ganz bestimmten Atom besetzte – Pyramidenspitze auf einer identisch-gemischtatomigen Basis sowohl nach unten als auch nach oben zeigen kann. Solche Spiegelungen kommen in der Natur aber durchaus häufig vor.

Diese spezielle „Doppelnatur" chemischer Verbindungen ist 1848 von dem französischen Chemiker und Begründer der Mikrobiologie Louis Pasteur aufgedeckt worden, der verschiedene Kristalle einer Weinsäure – Tartrate – mit Licht untersucht und dabei festgestellt hatte, daß sie dessen Schwingungsebenen unterschiedlich beeinflußten: entweder „rechtsdrehend" im Uhrzeigersinn oder aber „linksdrehend". Doch erst 1874 enträtselten Jacobus Hendricus van't Hoff – 1901 als erster Chemiker mit dem Nobelpreis ausgezeichnet – und Joseph Achille le Bel in voneinander unabhängiger Forschungsarbeit die Ursache dieses Phänomens: die unterschiedliche räumliche Form chemisch gleich zusammengesetzter Moleküle, die man nach le Bel bis heute Stereoisomere nennt.

Daß in solchen „Spiegelungen" auch handfeste „händige" Information steckt, kann Erker mit einigen eindrucksvollen Beispielen belegen. Da gibt es zum Beispiel das Asparagin, das sozusagen „linksherum" süß, doch „rechtsherum" bitter ist, oder auch den ebenfalls „doppelten" Aromastoff Limonen, der

„linksherum“ eher nach Zitrone, „rechtsherum“ aber eher nach Orange schmeckt. Doch so harmlos liegen die Dinge nicht immer, wie das Beispiel der Contergan-Tragödie deutlich macht. Der Wirkstoff Thalidomid löste nur in seiner „linken“ Spiegelversion die bekannten schweren Mißbildungen aus, während seine rechte Form offenbar harmlos ist.

Wegen dieser unterschiedlichen Eigenschaften und vor allem Wirkungen der links- und rechtshändigen Moleküle ist es überaus wichtig, hier die „Spreu vom Weizen“ zu trennen und die jeweils gewünschte Molekülform gezielt herzustellen, was über die Entwicklung geeigneter Reaktionen und der sie steuernden Katalysatoren nicht zuletzt eine ständige Herausforderung für die Grundlagenforschung ist. Auch an der Universität Münster sind mit diesem Ziel zahlreiche neue Reaktionswege erfolgreich entwickelt worden. In diesem Sinne ist auch die Stereochemie ein überaus nützliches Werkzeug nicht nur für die Bestimmung räumlicher molekularer Strukturen geworden, sondern auch für das Verständnis einer Vielzahl von Reaktionen, in denen chemische Zusammensetzung und Molekülgestalt gemeinsam die tragende Rolle spielen. Enzyme wirken zum Beispiel nur dann, wenn sie auch „richtig“ gefaltet sind. Deshalb sind diese Untersuchungen auch für das grundlegende Verständnis komplizierter biochemischer und biophysikalischer Vorgänge unabdingbar – und nicht zuletzt natürlich auch für die Entwicklung pharmazeutischer Substanzen.

Die Forscher um Erker sind auf diesem Gebiet inzwischen aber noch einen vielversprechenden Schritt weitergegangen. Sie haben die molekulare „Kohlenstoffpyramide“ sozusagen eingeebnet und erste Moleküle geschaffen, in denen die vier Bindigkeiten des Kohlenstoffatoms in einer Ebene liegen. Es sind Formen, in denen die chemische Information nach bisher nicht aus der Natur bekannten Regeln gespeichert ist. Diese überraschend neuen Formen, deren Synthese im Organisch-Chemischen Institut der Universität Münster erstmals gelungen ist, sind darüber hinaus beständig – Erker nennt sie geschichtsbewußt „Anti-van't Hoff- le Bel-Verbindungen“. Diese Substanzen mit sogenanntem „planar vierfach koordiniertem Kohlenstoff" stehen am Anfang eines Ausbruchs der chemischen Grundlagenforschung aus der Basis der organischen Strukturchemie, der wohl auch – wie das Wort „planar" vermuten läßt – in neue Gebiete der Oberflächenchemie führen dürfte. Auch aus dem, was die Natur selbst in ihren Konstruktionsplänen nicht vorgesehen hat, kann man sicherlich eine Menge lernen.

Rolf H. Simen

Das Wunder der Gestaltbildung hat die Menschen schon immer fasziniert, doch erst jetzt klärt die Entwicklungsbiologie ihre Geheimnisse auch auf molekularer Ebene auf. So wird auch zunehmend deutlich, wie aus einem scheinbar undifferenzierten „Gebilde" wie etwa einem Ei oder einem Samenkorn ein funktionell vielfältiger und überlebenstüchtiger Organismus heranreifen kann:

Vom Ei zum Organismus

Vor kaum mehr als 100 Jahren noch wurde es für möglich gehalten, daß Mäuse aus Lumpen entstehen, neugeborene Bären von ihren Müttern in die richtige Form geleckt werden oder Gänse in Knospen auf Bäumen reifen. Eine Zeitlang glaubte man sogar, daß der Kopf einer Spermie ein bereits ausgeformtes kleines Menschen- oder Tierkind enthalte, das sich im weiblichen Organismus nur noch entfalten müsse. Es war die Erfindung des Mikroskops, die derartigen Vorstellungen den Garaus und einer anschaulichen Darstellung von Entwicklung Platz machte: Sie vollzieht sich bei den meisten Tieren in einem Ei außerhalb des mütterlichen Körpers, nachdem sie durch die Befruchtung eingeleitet wurde. Während dieses Vorgangs vereinigt sich die Eizelle mit dem Kopf der Spermiums, wodurch mütterliches und väterliches Erbgut gleichermaßen zum Entwurf eines neuen Lebewesens kombiniert werden. Danach teilt sich die Eizelle vielfach, wobei das Erbgut – enthalten in den Genen als kennzeichnenden Merkmalen der Vererbung – jeweils verdoppelt und zu gleichen Teilen an die Tochterzellen weitergegeben wird.

Auf diese Weise erhält jede Zelle einen vollständigen Satz des Erbguts und unterscheidet sich darin nicht von den anderen Zellen, die aber dennoch ganz unterschiedliche Entwicklungen durchlaufen: Zur Gestaltbildung sondern sie sich zum Beispiel ab oder stülpen sich ein. Schließlich grenzen sich Gewebe und Organe gegeneinander ab, um später ihre vielfältigen Funktionen erfüllen zu können. Während der Embryonalentwicklung entsteht also aus einer zunächst scheinbar unstrukturierten Eizelle ein vielgestaltiger und beziehungsreich miteinander verknüpfter Organismus. Es ist eine faszinierende Frage, wie diese genaue und funktionell schlüssige Durchgestaltung oder Differenzierung eines Lebewesens im frühen Stadium seiner embryonalen Entwicklung zustande kommt und von welcher Art die schon im Ei vorhandene Information sein muß, um dieses Muster so präzise vorzugeben und seine Verwirklichung zu kontrollieren.

Diese Fragestellung haben Entwicklungsbiologen um Professor Christiane Nüsslein-Volhard und Professor Herbert Jäckle am Max-Planck-Institut für Entwicklungsbiologie in Tübingen an der zu den Taufliegen gehörenden Drosophila melanogaster untersucht. Diese kleine rotäugige Fruchtfliege, die von überreifen Früchten und gärenden Fruchtsäften lebt und mitunter auch in der Neige von Weingläsern endet, eignet sich für solche Untersuchungen besonders gut, weil sie leicht zu züchten und völlig unschädlich ist. Ihre Embryonalentwicklung verläuft zudem schnell; sie ist in den etwa einen Millimeter großen Eiern in nur ungefähr 22 Stunden abgeschlossen. Dabei erfolgt die Aufteilung des Taufliegenkorpers in Segmente schon in einem sehr frühen Stadium, weshalb sich an ihr auch die molekularen Grundlagen dieser funktionellen Strukturierung besonders gut untersuchen lassen.

Die Fruchtfliege Drosophila wurde bereits 1910 von dem amerikanischen Zoologen Thomas Hunt Morgan und seinen Mitarbeitern als „ideales Objekt der Genetik" entdeckt, berichtet Christiane Nüsslein-Volhard. Vorteile wie das Vorhandensein von besonderen Riesenchromosomen, von erbguttragenden Zellkernschleifen, auf denen „Gene quasi sichtbar gemacht werden können“, seien ein Grund dafür gewesen, weshalb diese Taufliege bald zum fruchtbarsten „Haustier der Genetik“ geworden ist. Außerdem treten bei ihr immer wieder spontan Erbgutveränderungen auf, deren Wege sich von den Forschern im Vergleich zu anderen Lebewesen leicht verfolgen lassen.

Weil die Gene in ihrer Gesamtheit alle Informationen über den Aufbau, die stoffliche Zusammensetzung und die Funktionen eines Lebewesens enthalten, gibt das abweichende Erscheinungsbild einer Erbgutveränderung Aufschluß über die Funktion des hieran beteiligten, gestörten oder gar ausgefallenen Gens in der Normalentwicklung. Bei Augenfarbenmutanten zum Beispiel ist die erblich festgelegte Zusammensetzung bestimmter Farbstoffe betroffen. Lange Zeit gab es einen wissenschaftlichen Streit darüber, ob von den Genen neben Augenfarbe oder Flügellänge auch wichtigere Entwicklungsvorgänge gesteuert werden. Ein Tier hat – je nach Art – 5 000 bis 10 000 solcher Gene, die in jeder Zelle in doppelter Ausfertigung vorliegen. Als der Stoff, aus dem die Gene bestehen, wurde seit Mitte der vierziger Jahre die Desoxyribonukleinsäure (DNS, oder international: DNA) bis in ihre atomaren Details entschlüsselt. Sie gleicht einem biochemischen Schriftband, das die gesamte Aufbau- und Funktionsbeschreibung des jeweiligen Lebewesens enthält und das laufend abgelesen wird. Deshalb werden die an der Gestaltbildung des Embryos beteiligten Genaktivitäten auch daran erkannt, daß ihre Veränderung oder gar Ausschaltung durch Mutationen zu einschneidenden Gestaltänderungen führt. Dabei gibt die Art der Änderung entscheidenden Aufschluß über die Funktion des betroffenen Gens.

Die Entwicklungsbiologen konnten inzwischen bei Drosophila in „großangelegten Mutantensuchen“ Gene identifizieren, die für grundlegende Vorgänge wie die Festlegung der Körperachse und der Verschiedenheit der entgegengesetzten Teile des Organismus wie zum Beispiel der Polarität von Kopf und Hinterleib notwendig sind. In extremen Fällen entwickeln die Embryonen ein doppeltes Hinterende ohne Kopf und Brustabschnitt, oder die Ausbildung des Rücken-Bauch-Unterschiedes bleibt aus.

Nachdem die Forschungen zunächst wesentlich auf eine erste Bestandsaufnahme der Faktoren ausgerichtet waren, die für diese fundamentalen Prozesse bedeutend sind, untersuchten die Entwicklungsbiologen in einem nächsten Schritt die Wirkungsweise einzelner ausgewählter Gene. So gelang es den Forschern im Tübinger Labor, in ausgedehnten Experimenten – neben anderen – das sogenannte bicoid-Gen zu entdecken. Weibchen, die kein intaktes bicoid-Gen haben, legen Eier, aus denen später Larven ohne Kopf und Brustabschnitt schlüpfen. Ihnen fehlen alle Strukturen, die normalerweise in der vorderen Eihälfte festgeschrieben sind.

Zwischenzeitlich wurden Möglichkeiten geschaffen, die normalen Funktionen von etwa zwei Dutzend Genen und deren Wechselspiel während der frühen Embryonalentwicklung der Drosophila zu erfassen, und in einem Fall sogar bereits Erkenntnisse daraus auf den menschlichen Organismus zu übertragen: Mit Methoden der Gentechnik gelang es, im frühen Drosophilaembryo Gene zu isolieren, deren Aktivität für die Segmentierung ausschlaggebend ist. Versagen diese als erste im Embryo aktiven sogenannten Gap-Gene, entstehen erhebliche Lücken (gaps) im Segmentmuster. Gap-Gene beeinflussen sich gegenseitig sowohl fördernd als auch hemmend. Die gegenseitige Hemmung beschränkt dabei die Aktivität eines bestimmten Gap-Gens auf dessen festgelegtes Gebiet und dirigiert so die Ausgestaltung des ursprünglichen Musters. Neue Befunde der Genetiker über diese „embryonale Musterbildung" halfen inzwischen anderen Forschern, ein menschliches Gen zu identifizieren, dessen Versagen den bösartigen „Wilms-Tumor" zur Folge hat – eine Krebserkrankung, an der in Deutschland etwa eines von 9 000 Kindern im Alter bis zu fünf Jahren erkrankt.

Franziska Becher

Auch die Erde ist ein komplizierter Gesamtorganismus. Ein neues und faszinierendes Bild unseres Planeten, der dem unaufhörlichen Kreislauf von Leben und Tod unterliegt, entwarf ein Forscher durch die Übertragung der Entwicklungsbeschreibung von „Bevölkerungen" aus Pflanzen, Tieren oder Menschen auf die „tote" Materie der geologischen Systeme. Darin sieht er den roten Faden zu einer schlüssigen Gesamtbeschreibung des Blauen Planeten:

Im Kreislauf von Leben und Tod

In seinem neuen Bild des Planeten Erde untergliedert Professor Jan Veizer nicht nur dessen Lebenswelt, sondern auch dessen Gesteine, Ozeane und Lufthülle in Populationen, die voneinander wechselseitig abhängig sind. Das bedeutet, daß man die Entwicklung einzelner Gruppen und damit deren Populationsdynamik nicht einzeln, sondern immer nur in der Verknüpfung mit anderen betrachten und verstehen kann. „Aus der Perspektive der Populationsdynamik sind alle Populationen Bestandteile einer alles umfassenden Einheit."

Jede solche „Bevölkerung" unterliegt einer typischen „Halbwertszeit", nach der die Hälfte einer zu einem bestimmten Zeitpunkt vorhandenen Population erloschen ist. Sind etwa fünf Halbwertszeiten vergangen, so hat sich eine Population vollständig erneuert, alle der zum Anfangszeitpunkt der Betrachtung erfaßten Mitglieder sind „gestorben", andere wurden „geboren" und sind an deren Stelle getreten. Für Entwicklungen mit kurzen Halbwertszeiten kann daher, wenn erst einmal viel Zeit verstrichen ist, kein Nachweis mehr gefunden werden. Je weiter man also in der Erforschung des Systems Erde in der Zeit zurückgeht, desto weniger Überreste findet man noch von ihnen.

Das läßt zum Beispiel den Versuch, Aufschluß über Klimaschwankungen vor mehreren Millionen Jahren gewinnen zu wollen, schwierig erscheinen. Und doch eröffnet sich manchmal eine Möglichkeit, auch vor langer Zeit abgelaufene kurzlebige Entwicklungen noch heute zu studieren; dann nämlich, wenn sie Spuren an langsam veränderlichen und lange überdauernden Populationen hinterlassen haben. Der Wasserkreislauf zum Beispiel kann den gesamten Ozean in 40 000 Jahren erneuern; Kenntnisse über das Seewasser früherer Zeiten lassen sich aber dennoch aus den biochemischen Ablagerungen am Meeresboden gewinnen.

Die verschiedenen Populationen hängen vielfältig voneinander ab, wobei die Forschungen von Veizer an der Ruhr-Universität Bochum ergeben haben, daß die Zyklen der großen und langlebigen Populationen grundlegend für die Existenz der kleineren, schnellebigeren sind und deren Entwicklung begrenzen. Die Populationen lassen sich nach Masse und Halbwertszeit gestaffelt anordnen: Die mächtigsten und langsamsten bilden die des Bereichs der Erdkruste mit Massen kleiner als eine bis 100 Trillionen Tonnen und Halbwertszeiten von zehn bis 100 Millionen Jahren, gefolgt von denen der Ozeane mit Massen kleiner als eine Trillion Tonnen und Halbwertszeiten von 100 Jahren bis zehn Millionen Jahren. Für die Atmosphäre findet man Populationsmassen kleiner als 1 000 Billionen Tonnen und Halbwertszeiten von einigen Tagen bis zehn Millionen Jahren und für lebende Systeme Massen kleiner als 100 Milliarden bis zu 10 000 Billionen Tonnen und Halbwertszeiten von einigen Stunden bis zu 100 Jahren. Für die Altersverteilung innerhalb der verschiedenen Populationen fand Veizer für die lebenden wie die nichtorganischen „Bevölkerungen" einen exponentiell abnehmenden Verlauf, was heißt, daß die Geborenen mit steigendem Alter immer schneller weniger werden.

Daß die Unterschiede zwischen organischen und anorganischen Populationen nur in Größe und Halbwertszeit, nicht aber im Muster der Altersverteilung bestehen, bestätigt den Ansatz, daß mathematische Modelle der Populationsdynamik auch auf geologische Systeme übertragbar sind. Dadurch wird auch deutlich, welche Rolle das Leben und besonders der Mensch in diesem abgestuften Gefüge spielen. Lebende Systeme sind im Rahmen der Populationshierarchie durch die Grenzen eingeschränkt, welche die größeren, langsameren Populationen vorgeben. Diese Beschränkungen zu überschreiten, ist zwar möglich, aber nur vorübergehend für Zeitabschnitte, die kürzer sind als die durch die langsameren Populationen bestimmten Entwicklungszyklen.

Die Untersuchungen von Veizer haben ergeben, daß, in Abständen von zehn Millionen Jahren betrachtet, die Bereiche Erdgestein, Ozeane, Lufthülle und Lebewesen als einheitliches System wirken, wobei die Geotektonik, also die Veränderungen der Erdkruste, die Entwicklung der Ozeane, der Lufthülle und der lebenden Systeme bestimmt. Daß es starke wechselseitige Abhängigkeiten von anorganischen und lebenden Welten gibt, steht in Übereinstimmung mit der verbreiteten Ansicht, daß das Leben ein wichtiger Faktor in der Entwicklungsgeschichte der Erde ist. Aber im Gegensatz zu der nach der „Erdgöttin" der alten Griechen benannten Gaia-Hypothese des britischen Biologen James Lovelock (1969), welche das Leben als eine treibende Kraft für die Fortentwicklung der Erde annimmt, erlaubt nach Veizer die geodynamische Entwicklung überhaupt erst die biologische Evolution.

Wenn es zum Beispiel um die Frage geht, wie die Sauerstoffhülle der Erde überhaupt gebildet wurde, dann stellt der Forscher der althergebrachten Sicht, daß eine schrittweise Entwicklung der sauerstoffproduzierenden Pflanzenwelt hier Ursache gewesen sei, eine andere Deutung entgegen. Er vertritt die Ansicht, daß die frühen Sauerstoffquellen geologisch bedingt gewesen sein könnten und erklärt den für die frühe Erdzeit niedrigen Sauerstoffgehalt der Lufthülle durch eine ihn ständig herabsetzende Senke, die durch verstärkte Durchströmung der ozeanischen Erdkruste durch Seewasser gebildet worden sei. „Wir können nur reagieren, haben aber genug Potential, um einige Räder aus dem Tritt zu bringen", erläutert Dr. Harald Strauß, ein Mitarbeiter Veizers, die Stellung des Menschen in diesem gestuften Modell der Populationen. Das Leben und seine „Krönung" Mensch werden durch die Erkenntnisse Veizers wieder einmal ein wenig weiter aus dem „Zentrum des Universums" hinausgedrückt; diesmal zeigt die Geologie die Grenzen auf.

Dr. Karin Vey

GESCHICHTEN, DIE DIE FORSCHUNG SCHREIBT

ZWISCHEN WELTALL UND ERDE

Von Meteoriten, Planeten, Sternkatastrophen und neuen Zweifeln am „Big Bang“

Ein eindrucksvolles Beispiel zu den Unterschieden zwischen Theorie und Praxis auch in der Astronomie lieferte im Herbst 1992 der Aufsehen erregende Bericht eines Astronomen über den Kometen Swift-Tuttle, der im nächsten Jahrtausend auf die Erde abzustürzen drohe. Doch der ist offenbar zum Glück von den Pfaden der „reinen Himmelsmechanik", die dieses Desaster zu bestimmen schienen, wieder abgewichen:

Kein Kometenaufprall im August 2126

Die Geschichte dieses erfreulichen Irrtums begann mit einer Mitteilung des amerikanischen Astronomen Brian Marsden aus dem Informationsbüro der Internationalen Astronomischen Union in Cambridge im US-Bundesstaat Massachusetts, nach der dieser – zuvor übrigens lange vermißte – Komet sich auf einer nicht ganz berechenbaren Bahn bewege, die seinen Absturz auf die Erde mit einiger Wahrscheinlichkeit am 14. August 2126 erwarten lasse. Jedenfalls dann, wenn man alle Eventualitäten einer Bahn einschließe, die durch die Rückstoßkräfte heftiger Gasausbrüche aus dem Kometenkern auftreten können.

Daß solche, die berechnete Bahn eines Kometen störenden Einflüsse in diesem Fall besonders ausgeprägt sein könnten, hatte Marsden schon 1973 vermutet, als er den Kurs des zuletzt 1862 beobachteten Kometen aus den damals gewonnenen Daten neu bestimmte und mit Kometenerscheinungen früherer Jahrhunderte verglich. Als einzigen Kandidaten, bei dem es sich möglicherweise um den gleichen „Haarstern" handeln könnte, hatte der Astronom einen Kometen des Jahres 1737 gefunden, der seinerzeit von dem aus Deutschland stammenden Pater Ignatius Kegler in Peking beobachtet worden war. Eine Identität der beiden Kometen setzte allerdings eine Umlaufzeit von mehr als 125 Jahren voraus, während die Bahndaten von 1862 alleine auf eine Rückkehr in nur 120 Jahren hindeuteten.

Wegen dieser möglichen Übereinstimmung hatte Marsden 1973 die für 1982 erwartete Wiederkehr des Kometen Swift-Tuttle um ein Jahrzehnt verschoben, doch kaum ein Berufs-

astronom besann sich Anfang 1992 auf diese Vorhersage, bis schließlich ein japanischer Amateurastronom den lange vermißten Kometen Ende September im Sternbild der Großen Bärin unweit der von Marsden erwarteten Position aufstöbern konnte. Meteorbeobachtern hatte sich diese Wiederkehr bereits im August 1991 und dann wieder im August 1992 angekündigt, als im Rahmen des alljährlich aus Richtung des Perseus-Sternbildes einfallenden Meteorstroms jeweils ungewöhnlich viele Sternschnuppen registriert wurden: Die Perseiden bewegen sich in einem breiten Gürtel entlang der Bahn des Kometen Swift-Tuttle und gelten als Zerfallsprodukte des mehrere Kilometer großen Eis- und Staubbrockens.

Die späte Bestätigung der Annahme Marsdens machte zugleich deutlich, daß sich Swift-Tuttle tatsächlich auf einer nicht allein durch die Schwerkraft bestimmten Bahn um die Sonne bewegte. Dies veranlaßte den amerikanischen Astronomen dann folgerichtig zu seiner Warnung: Wenn der Komet bei der nächsten Wiederkehr wegen der unberechenbaren Störkräfte mit rund zwei Wochen Verspätung durch seinen sonnennächsten Bahnpunkt zöge, könne er am 14. August 2116 der Erde bedrohlich nahekommen und im schlimmsten Fall sogar mit ihr zusammenstoßen.

Als nach der Wiederentdeckung des Kometen seine Bahn während der vorausgegangenen Monate rekonstruiert werden konnte, stellte sich heraus, daß Lobus Kohutek von der Hamburger Sternwarte – der 1973 selbst durch die Entdeckung eines Kometen bekannt wurde – den kosmischen Weltenbummler bereits am 7. Januar 1992 im Deutsch-Spanischen Astronomischen Zentrum auf dem Calar Alto in Andalusien fotografiert, ihn aber bei der Fotoauswertung übersehen hatte. Diese frühe Position erlaubte dann eine neuerliche Bahnberechnung, die auch die Wirkung der Störkräfte einzugrenzen vermochte: Danach wird Swift-Tuttle „pünktlich" am 11. Juli 2126 durch seinen sonnennächsten Bahnpunkt ziehen und einen Monat später in rund 55 Millionen Kilometer Entfernung die Erde passieren. Auch bei den weiteren „Begegnungen" mit diesem Kometen innerhalb des nächsten Jahrtausends wird es kaum zu einer bedenklichen oder gar bedrohlichen Erdannäherung kommen. Zumindest von Swift-Tuttle hat die Menschheit also vorerst nichts zu befürchten.

Hermann-Michael Hahn

Es ist bis heute rätselhaft, ob der mutmaßliche Planet zwischen Mars und Jupiter niemals fertig geworden oder aber in grauer Vorzeit bald wieder zerborsten ist. Seine Trümmer jedenfalls sind als die sogenannten Asteroiden bekannt, die jedoch nicht nur an einer Stelle eine wohlgeordnete Bahn durchlaufen, sondern auch als fast unberechenbare Vagabunden des Sonnensystems der Erde sehr gefährlich werden könnten. Der Aufprall eines Körpers aus dieser Vieltausendschaft stellt nach wie vor eine ernste Bedrohung dar:

Kernwaffen gegen kosmische Bomben?

Am 10. August 1972 entging der Nordwesten der USA nur knapp einer Katastrophe: Damals zog eine gewaltige Feuerkugel von Süden her über das Land hinweg und kam dabei bis auf 58 Kilometer an die Erdoberfläche heran. Der Brocken, der von vielen Menschen beobachtet wurde, dürfte etwa 80 bis 90 Meter groß gewesen sein. Hätte er nur einige Sekunden früher die Erdbahn gekreuzt, so wäre er mit der Erde zusammengeprallt; dabei wäre eine Energie von rund zehn Millionen Tonnen des Sprengstoffs Trinitrotoluol (TNT) oder etwa 1 000 Hiroshima-Bomben freigesetzt worden. Genug, um einen kilometergroßen Krater zu hinterlassen.

Dies ist nur ein Beispiel für die „Gefahr aus dem All", die Andreas von Rètyi in seinem gleichnamigen Buch beschrieben hat. Während aber das kosmische Treffen von 1972 harmlos verlief, drang zu Beginn des 20. Jahrhunderts ein etwas kleinerer Brocken wesentlich tiefer in die Erdatmosphäre ein und zerplatzte in etwa zehn Kilometer Höhe. Nach neuesten Berechnungen und Computersimulationen dürfte es sich bei dem dadurch hervorgerufenen und noch immer rätselhaften „Tunguska-Ereignis“ vom 30. Juni 1908 am gleichnamigen Fluß in Sibirien um einen etwa 60 Meter großen Gesteinsmeteoriten gehandelt haben, der erst in letzter Sekunde vor dem Aufprall durch die Reibungshitze und den atmosphärischen Staudruck zertrümmert wurde. Ein Krater entstand dabei jedenfalls nicht, doch fanden Forscher Jahrzehnte später, als sie die unzugängliche Gegend erreichten, daß damals die Bäume in einem Umkreis von mehr als 30 Kilometer wie Streichhölzer umgeknickt worden waren und teilweise verbrannt sind.

Inzwischen haben auch die Astronomen diese Gefahren aus dem All erkannt, die nicht nur in der Vergangenheit wiederholt katastrophale Wirklichkeit geworden sind, sondern auch weiterhin drohen. Denn Objekte dieses „Kalibers“ schwirren in großer Zahl durch das Sonnensystem, und alle paar hundert bis tausend Jahre, so die Hochrechnungen, dürfte eines von ihnen mit der Erde zusammenprallen. Die wirklich großen Brocken dagegen mit Durchmessern von mehreren Kilometern sind allerdings wesentlich seltener: Ihre gegenwärtig bekannte Zahl läßt ein bis zwei Kollisionen pro Million Jahre erwarten. Dennoch sind sie weitaus gefährlicher. Vergleicht man die berechnete Zahl der zu erwartenden Opfer, so zeigt sich, daß die seltenen Großeinschläge über die Zeit verteilt pro Jahr etwa 2 500 Menschenleben fordern dürften, die häufigeren kleineren Treffer dagegen jährlich „nur“ 150.

Nach den Berechnungen zweier amerikanischer Wissenschaftler lassen sich solche Katastrophen jedoch verhindern, sofern man die kosmischen Bomben frühzeitig entdeckt: Ein Jahr im voraus genügt es noch, die Geschwindigkeit des bedrohlichen Himmelskörpers um nur zehn Zentimeter pro Sekunde zu verändern, um ihn gleichsam haarscharf an der Erde vorbeizulenken. Um einen 100 Meter großen Asteroiden solcherart zu beeinflussen, müßte man ein etwa drei Tonnen schweres Raumschiff gegen diesen Brocken prallen lassen. Beim Zusammenstoß würde dann genügend Materie abgesprengt, um eine ausreichende Kursänderung zu erreichen. Dabei wirkt die wegfliegende Masse gleichsam wie gezündeter Raketentreibstoff: Sie sorgt mit ihrem Rückstoß für eine entsprechende Ablenkung des gefährlichen Objekts.

Bei größeren Himmelskörpern reicht diese Methode nicht mehr aus, denn die Masse – und damit die für die Ablenkung erforderliche Energie – nimmt mit der dritten Potenz des Durchmessers zu, während gleichzeitig die Sprengwirkung des auftreffenden Raumschiffs durch die stärkere Oberflächenschwerkraft verringert wird. Hier muß man auf massivere Mittel zurückgreifen, etwa die Explosion von Kernwaffen.

Zündet man eine Atombombe in geeignetem Abstand, so führt die plötzliche Aufheizung der durch ihre Explosion „bestrahlten" Oberfläche ebenfalls zu einem Absprengen von Material und damit zu einer Kursänderung des Asteroiden. Um auf diesem Wege aber einen kilometergroßen Brocken ein Jahr vor dem erwarteten Zusammenstoß mit der Erde noch von seinem Kurs abzubringen, müßte das in seiner Wirkung Gleichwertige von rund 100 Hiroshima-Bomben 400 Meter über ihm gezündet werden. Eine entsprechende Explosion auf seiner Oberfläche würde nämlich die Gefahr heraufbeschwören, daß der gesamte Asteroid unkontrollierbar auseinanderbricht und deshalb Bruchstücke von ihm die Erde nach wie vor gefährden könnten.

Eine dritte Möglichkeit bestünde darin, die nahende kosmische Bombe sehr frühzeitig zu zertrümmern. Allerdings verteilen sich dann die Trümmer im wesentlichen auf einen röhrenförmigen Bereich längs ihrer ursprünglichen Bahn und sind damit nicht weniger gefährlich als das ursprüngliche Objekt: Nach einem Umlauf, also innerhalb von ein bis zwei Jahren, würde die Erde immer noch von etwa einem Prozent der Gesamtmasse getroffen. Entsprechend müßte der Brocken wirklich fast zermahlen werden, damit seine Überreste dann keine größeren Schäden mehr anrichten können; als obere Grenze werden hier etwa zehn große Bruchstücke genannt, die dann beim Eindringen in die Erdatmosphäre weiter zerrieben werden können. Um einen zehn Kilometer großen Asteroiden auf diese Weise zerplatzen zu lassen, dürften rund eine Million Tonnen Sprengstoff oder rund 10 000 Hiroshima-Bomben erforderlich sein, die noch dazu einige hundert Meter tief in seinem Innern zur Explosion gebracht werden müßten.

Notwendige Voraussetzung ist aber in allen Fällen ein frühzeitiges Erkennen der drohenden Gefahr, eine Aufgabe, die von manchen Himmelsforschern als der gegenwärtig einzige wirkliche existentielle Beitrag der Astronomie zum Fortbestand der Menschheit angesehen wird. Trotzdem gibt es nur wenige Arbeitsgruppen, die konzentriert nach solchen möglichen kosmischen Bomben suchen. Ihre Beobachtungen haben in der letzten Zeit allerdings überraschend viele solcher Objekte zutage gefördert.

Hermann-Michael Hahn

Als mythologischer „Bruder" von Jupiter und Neptun bewegt sich der sonnenfernste Planet Pluto auch am Sternenhimmel in brüderlicher Nachbarschaft. Erst 1930 von Clyde W. Tombaugh am Firmament aufgefunden, ist er auch heute noch für Überraschungen gut, wozu 1978 auch die Entdeckung seines Mondes Charon zählte, der rund halb so groß wie sein „Vaterplanet" ist. Nun vermutet man, daß seine „Verwandschaft" womöglich noch größer ist:

Hat Planet Pluto eine Kleinfamilie?

Keinen zehnten Planeten hinter dem neunten, Pluto, sondern moglicherweise eine neue Klasse von Objekten am Rande des Sonnensystems haben amerikanische Astronomen nach Ansicht von Dr. Richard West von der in Garching bei München angesiedelten Zentrale der Europäischen Südsternwarte ESO Anfang Herbst 1992 im Sternbild Fische entdeckt. Er hält es vielmehr für denkbar, daß sich im Bereich nahe und jenseits der Plutobahn, also in mehr als 5,9 Milliarden Kilometer Entfernung von der Erde, was wegen der stark exzentrischen Bahn des Pluto nur ein Mittelwert ist, noch weitere größere Brocken aus Eis und Gestein aufhalten, die dem entdeckten Objekt mit der vorläufigen Bezeichnung 1992 QB_1 durchaus gleichen könnten.

Zusammen mit den ersten Beobachtungen auf Hawaii ermöglichten die Messungen mit dem 3,5-Meter-New-Technology-Telescope der Europäischen Südsternwarte auf dem chilenischen Andengipfel La Silla schon etwas genauere Angaben über den damaligen Sonnenabstand von 1992 QB_1: Das Objekt scheint sich in einer Entfernung von rund 41 Astronomischen Einheiten zu befinden und wäre damit in einer für Mitglieder des Sonnensystems neuen Rekordentfernung beobachtet worden; selbst Pluto, der im sonnenfernen Teil seiner Bahn fast fünfzigmal so weit von der Sonne abrücken kann wie die Erde, befand sich zum Zeitpunkt seiner Entdeckung durch Tombaugh lediglich rund 38,5 Astronomische Einheiten von ihr entfernt und hat sich seither immer weiter auf die Sonne zubewegt, die er übrigens nur in 248,4 Jahren auf einer um 16 Grad zur „Ebene“ (Ekliptik) des Sonnensystems geneigten Bahn umläuft. Nimmt man nun für das bisher unbekannte Objekt ein kometenähnliches Rückstrahlvermögen der Oberfläche von lediglich etwa vier Prozent an, so deutet dessen geringe Helligkeit auf ein etwa 200 bis 300 Kilometer großes Objekt hin, das also rund ein Zehntel so groß wie Pluto ist.

Doch diese Deutung der Neuentdeckung als Kometenkern ist nur eine der sich anbietenden Möglichkeiten. Immerhin wurde schon vor Jahren vermutet, Pluto sei vielleicht nur der größte Vertreter einer – nach dem Asteroidenring zwischen Mars und Jupiter – zweiten Kleinplanetenfamilie, die den Raum jenseits der Neptunbahn bevölkert: Die hohe Exzentrizität wie auch die große Neigung seiner Bahn erschienen eher typisch für einen Kleinplaneten denn für ein reguläres Mitglied einer Planetengruppe.

Wenn es einen solchen zweiten Kleinplanetengürtel wirklich gibt, müssen womöglich auch der Plutomond Charon und der Neptunmond Triton, dessen gegen den Drehsinn des Neptun orientierte „rückläufige“ Bahn auf einen nachträglichen Einfang dieses Trabanten schließen läßt, als Angehörige dieser Gruppe angesehen werden. Allerdings zeigen die genannten Objekte allesamt ein vergleichsweise hohes Rückstrahlvermögen zwischen 30 und 60 Prozent, das, falls auch für 1992 QB_1 gültig, dem neu entdeckten Objekt einen deutlich kleineren Durchmesser als bisher angenommen zuordnen würde. Da wäre es nach Richard West schon fast ein Zufall, daß nun ausgerechnet ein im Vergleich zu Triton, Pluto und Charon so kleiner Brocken von dann deutlich weniger als 100 Kilometer Größe gefunden wurde, und das könne nur heißen, daß die Zahl ähnlicher Brocken ziemlich groß sein müsse.

Andererseits stellt sich die Frage, ob bei diesem äußeren Kleinplanetengürtel, wenn es ihn denn wirklich gibt, die Grenze zwischen kleinen Planeten und Kometenkernen überhaupt so klar gezogen werden kann, wie es die verschiedenartigen Begriffe vermuten lassen – und wie sie nicht einmal im schon seit fast 200 Jahren bekannten „inneren" Kleinplanetengürtel durchgehalten werden kann. Immerhin zeigt auch das bei seiner Entdeckung 1977 als Kleinplanet eingestufte Objekt (2060) Chiron, das regelmäßig zwischen Saturn- und Uranusbahn hin- und herpendelt, inzwischen deutliche kometenhafte Züge.

Auch ein kometenähnliches Objekt jenseits der Plutobahn wäre manchen Astronomen durchaus willkommen, vermuten sie doch, daß jenseits der Neptunbahn eine Zone mit weitgehend „inaktiven" Kometenkernen existiert; dieser sogenannte Kuiper-Gürtel käme neben der viel weiter entfernten Oortschen Wolke als zusätzliche Nachschubquelle für kurzperiodische Kometen in Frage. Über die mögliche Zugehörigkeit zu diesem Kuiper-Gürtel wird man vielleicht schon bald aufgrund verbesserter Bahnbestimmungen urteilen können. Dann wird sich auch zeigen, ob sich 1992 QB_1 überhaupt auf einer „stabilen" Bahn bewegt oder eher – wie Chiron und das 1992 entdeckte Objekt Pholus – auf einer langgestreckten Ellipsenbahn, die ihn über kurz oder lang in den Anziehungsbereich eines großen Planeten bringen würde; eine solche Übergangsbahn wäre jedenfalls nur vorübergehender Natur, so daß es sich in diesem Falle um einen Kometenkern handeln könnte, der ursprünglich aus der noch sehr viel weiter draußen gelegenen „Wolke“ stammt, die nach dem holländischen Astronomen Jan Hendrik Oort benannt ist. Dieser Kometenkern könnte sich dann aber gerade „schrittweise“ zu einem langperiodischen Kometen entwickeln.

Hermann-Michael Hahn

Supernovae sind die gewaltigsten Sternexplosionen – und selten. Nur etwa fünf Prozent aller Sterne beenden so ihr „normales“ Leben. Im letzten Jahrtausend gab es deshalb auch in einem Umkreis, der mit etwa 15 000 Lichtjahren etwa der Hälfte der Sonnenentfernung vom Zentrum der Milchstraße entspricht, nur sechs derartige Ereignisse. Die meisten dieser katastrophalen Ereignisse beobachten die Astronomen deshalb in anderen Galaxien, von denen jede wie die Milchstraße Milliarden Sterne enthält:

Sternentod im Feuersturm

Auch die Ende März 1993 von dem spanischen Astronomen F. Garcia entdeckte Supernova SN 1993 J – der Buchstabe J weist sie als die zehnte jenes Jahres aus, die man im Universum beobachtete – brach nicht in der Milchstraße aus, sondern im Bereich der zehn Millionen Lichtjahre entfernten Galaxie „M 81“ im Sternbild Ursa Major, der Großen Bärin. Starke Wasserstofflinien im Spektrum ihres Lichts, wie sie der Satellit IUE, der International Ultraviolett Explorer der Europäischen Weltraum-Agentur ESA, feststellt, wiesen auf die Explosion eines roten Riesensterns hin. Ältere Fotografien der Galaxie M 81, auf denen der Vorgängerstern der Supernova sichtbar ist, bestätigten diese Vermutung inzwischen. Explodiert war also ein sogenannter Roter Riese, ein nur etwa 100 Jahrmillionen alter Stern von der zwanzigfachen Masse der Sonne.

Supernovae verkörpern ein spätes Entwicklungsstadium besonders „gewichtiger“ Sterne. Diese gleichen einer Zwiebel, in deren Schalen atomare Kernverschmelzungen (Fusionsprozesse) zum Aufbau der Elemente Helium, Kohlenstoff, Neon, Sauerstoff, Silizium und Eisen ablaufen. Brennstoffprobleme an der untersten „Feuerfront“ bewirken, daß der stellare Eisenkern unter der Last der über ihm liegenden Gasmassen zusammenbricht, wobei die Atome extrem dicht zusammengepreßt werden.

Der Aufbau von Elementen, die schwerer als Eisen sind, ist durch Kernverschmelzung nicht mehr möglich, weil im Atomkern des Eisens die Bindungsenergie der Kernbausteine der chemischen Elemente am größten ist, eine Fusion also keine Energie mehr freisetzen kann. Bei einer Dichte des stellaren Eisenkerns von einigen tausend Milliarden Gramm pro Kubikzentimeter wird der Widerstand gegen ein weiteres Zusammenpressen seiner Teilchen so groß, daß das einfallende Gas wie ein auf eine Wand treffender Wasserstrahl zurückspritzt: Eine regelrechte Springflut rast mit 30 000 Kilometer pro Sekunde der Oberfläche des Sterns entgegen, die in Gegenrichtung stürzendes Gas nicht aufhalten kann. So heizt diese Stoßwelle der „Sternenzwiebel“ noch einmal richtig ein.

In diesem Todeskampf entfacht der Stern in seinen Schalen erneut Fusionsprozesse, in denen schwere Atomkerne erzeugt werden. Tonnen von Gold, Silber, Kupfer und anderer schwerer Elemente entstehen so in dieser Feuerschmiede als teilweise instabile Teilchen, die bei ihrem schnellen Zerfall Strahlung hoher Energie abgeben. Schon wenige Tage nach dem Zusammenbruch des Eisenkerns durchbricht die aufsteigende Feuerwalze mit ihrer wertvollen Fracht die Sternoberfläche und dringt in das umgebende interstellare Gas ein. Unter einem Überschallknall steigt dessen Temperatur von 3 000 Kelvin (Grad absolut) auf einige Hunderttausend bis Millionen an, wobei diese Energie als „weiche“ oder langwellige Röntgenstrahlung abgegeben wird.

Die meisten Supernovaüberreste werden in diesem Stadium, das einige hundert bis hunderttausend Jahre andauern kann, von Röntgensatelliten wie dem deutschen Weltraumobservatorium ROSAT beobachtet, das im Max-Planck-Institut für extraterrestrische Physik in Garching bei München von Forschern um Professor Joachim Trümper entwickelt worden und im Juli 1990 in Erdumlaufbahn gegangen ist.

SN 1993 J ist die erste verhältnismäßig nahe Sternexplosion seit der Supernova des Jahres 1987 in der Großen Magellanschen Wolke, einem „nur" etwa 170 000 Lichtjahre entfernten Nachbarsystem der Milchstraße. Damals hatte der japanische Röntgensatellit „Ginga" fünf Monate, nachdem das Ereignis sichtbar wurde, Röntgenstrahlung erfaßt, wie sie von zerfallenen schweren Atomkernen innerhalb eines explodierenden Sterns ausgesandt wird.

Die Forscher waren von dieser frühzeitigen Röntgenbeobachtung überrascht, da die Strahlung aus den tieferen Schichten des Sterns es zunächst sehr schwer haben dürfte, sich bis zu dessen Oberfläche „durchzukämpfen". Sie erklärten die frühzeitige Freisetzung dieser „harten" Strahlung damit, daß die Explosion nicht gleichmäßig erfolgte, so daß die Strahlung bereits an der Oberfläche freiwerden konnte. „Weiche" Röntgenstrahlung, wie sie durch die Feuerfront entsteht, die sich in den lange vor der Explosion vom Stern ausgehenden Sternwind bohrt, war in der Intensität zunächst hoch und zeitlich veränderlich. Seit der Inbetriebnahme von ROSAT konnten die Wissenschaftler an dieser Stelle keine Röntgenstrahlung mehr auffinden. Ursache ist wahrscheinlich eine dünne Verteilung des den sterbenden Stern umgebenden Gases, das von einem teilchenarmen Sternenwind des blauen Vorgängersterns stammt.

Ganz anders präsentierte sich allerdings die Supernova von 1993. Ein Forscherteam des Max-Planck-Instituts für extraterrestrische Physik um Dr. Hans-Ulrich Zimmermann konnte in ihr mit ROSAT bereits vier Tage nach der optischen Entdeckung weiche Röntgenstrahlung – von 100 bis 2 000 Elektronenvolt Energie – nachweisen. Das deutet darauf hin, daß die Explosionswelle mit einer Geschwindigkeit von 13 000 Kilometer pro Sekunde in die dichten Gaswolken des vom ehemaligen Roten Riesen ausgeworfenen Sternenwindes stößt. Sie erhitzen sich dadurch auf viele Millionen Grad Celsius und erzeugen eine intensive Röntgenstrahlung von etwa 10^{23} Gigawatt Gesamtenergie. Aus weiteren Beobachtungen können die Wissenschaftler Rückschlüsse auf Veränderungen der Gasdichte mit zunehmender Entfernung vom Explosionszentrum ziehen und damit Aufschluß über den Sternenwind des Riesensterns erhalten, bevor dieser in einem Fanal unterging.

Skeptisch sind die Forscher allerdings im Hinblick auf den Nachweis von Neutrinos, von fundamentalen Teilchen, die bei solchen Sternexplosionen in gewaltigen Mengen freigesetzt werden. Verglichen mit der Supernova in der Großen Magellanschen Wolke, bei der dies erstmals gelang, ist SN 1993 J etwa sechzigfach weiter entfernt. Die wie von einer „Leuchtkugel“ allseitig in den Kosmos ausgestrahlte Flußdichte dieser Teilchen ist deshalb zu gering, als daß man nennenswerte Beträge dieser exotischen Boten aus dem All in die irdischen Fallen locken könnte.

Uwe Seidenfaden

Keine andere Klasse von Himmelsobjekten bietet den Astronomen so tiefe Einblicke in das Universum und seine Vergangenheit wie jene der Quasare. Als mutmaßliche Kernregionen junger Galaxien durchleuchten sie einen riesigen Raum mit einer unvorstellbaren Helligkeit, die in vielen Fällen tausendfach größer als die der gesamten Milchstraße ist. Dieses Licht überbrückt Abgründe der Entfernung zur Erde und übermittelt wegen dessen endlicher Geschwindigkeit so auch Botschaften über Ereignisse, die längst Vergangenheit sind:

Nachricht aus dem frühen Universum

Als man zu Beginn der sechziger Jahre die ersten Quasare entdeckte, schienen sie nicht mehr als bläuliche kleine Punkte am Firmament zu sein, die zum Teil nicht nur sichtbar waren, sondern auch enorme Mengen an Radiostrahlung freisetzten. Man nannte diese Strahlungsquellen „quasi stellar", also sozusagen „sternähnlich", was ihnen dann auch ihren Namen einbrachte. Inzwischen sind einige 10 000 von ihnen erfaßt, doch ist die physikalische Natur ihrer ungeheuerlichen Energieerzeugung bis heute großenteils ein Rätsel geblieben. Dennoch lassen sich diese leuchtkräftigsten Objekte des Alls hervorragend als Lichtsonden nutzen, um die Zustände des Universums bis in Entfernungen von einigen Dutzend Milliarden Lichtjahren zu erfassen, wobei schon ein einziges Lichtjahr einer Distanz von etwa zehn Billionen Kilometer entspricht.

Als technische Hilfsmittel werden für diese Sondierungen Spektrographen benutzt. Solche Meßinstrumente zerlegen das in sie einfallende Licht in seine Regenbogenfarben; sie unterteilen es in ein Band aus Farblinien, die unterschiedlichen Wellenlängen entsprechen. Dieses „Spektrum" verrät etwas über die physikalisch-chemischen Verhältnisse im Weltall. Allerdings werden die Informationen aus dem kurzwelligen Bereich des Spektrums von den Molekülen der irdischen Lufthülle verschluckt. Doch der Spektrograph für lichtschwache Objekte, der Faint Object Spectrograph, der sich auf dem europäischamerikanischen Weltraumteleskop „Hubble“ befindet, hat diese Probleme nicht.

Eine Forschergruppe um Professor Dieter Reimers wählte an der zur Universität gehörenden Hamburger Sternwarte für solche Sondierungen der Bedingungen in den Tiefen des Universums einen besonders leuchtkräftigen Quasar aus. Er trägt die Bezeichnung HS 1700+6416. Auch die Linien in seinem Spektrum sind, wie die bei sehr vielen dieser „Energiemonster“, weit in dessen roten Teil hinein verschoben. Das heißt, daß zum Beispiel Farblinien, die normalerweise im Ultravioletten liegen, im sichtbaren Bereich auftreten. Diese „Rotverschiebung“ ist ein Maß für die Geschwindigkeit, mit der sich die beobachteten Objekte relativ von der Erde fortbewegen. Deren „Fluchtgeschwindigkeit“ ist um so größer, je ferner sie sind – ganz so wie auf einen Luftballon aufgemalte Farbpunkte, den man ständig weiter aufbläst. Den Proportionalitätsfaktor, mit dem dieser Effekt beschrieben wird, bezeichnet man nach Edwin Hubble (1889 – 1953), dem Entdecker der Rotverschiebung (1929), als Hubble-Konstante.

Die Fluchtgeschwindigkeit für HS 1700+6416 wird mit $z = 2{,}72$ angegeben, was bedeutet, daß die Wellenlängen (Farben) seines Lichts um das 2,72fache in Richtung Rot verschoben sind. Das entspricht, je nach dem Wert, den man für die noch immer nicht genau bestimmte Hubble-Konstante annimmt, einer Entfernung von zehn bis 14 Milliarden Lichtjahren. Nur sehr leuchtstarke Quasare können aber über eine solche Entfernung hinweg von der Erde aus überhaupt noch sichtbar sein.

Die Aufnahmen dieses „Hamburger Quasars“ mit dem Spektrographen für lichtschwache Objekte auf dem Weltraumteleskop zeigen ein ungewöhnlich reiches Spektrum „dunkler“ Linien, die wie feine Farblücken in einem Regenbogen anmuten und anzeigen, daß irgend etwas Farben – und damit die ihnen entsprechenden Energien – aus diesem verschluckt oder absorbiert hat. Sie werden deshalb auch Absorptionslinien genannt. Nicht alle dieser Linien lassen sich aber dem Quasar selbst oder seinem Umfeld zuordnen. So entdeckten die Hamburger

Forscher auch zahlreiche Absorptionslinien, die von Gaswolken in zwölf weiteren jungen Galaxien mit Rotverschiebungen zwischen z = 0,864 und z = 2,433 stammen. Sie prägen dem Licht des Quasars gleichsam ihre eigenen physikalisch-chemischen Fingerabdrücke auf. Obwohl die Gaswolken der Sternsysteme, von denen diese Linien stammen, viel zu lichtschwach sind, als daß man sie (bisher) mit optischen Teleskopen überhaupt hätte beobachten können, kann sie der Spektrograph aber doch „erkennen". Voraussetzung ist allerdings, daß sie sich entlang der Beobachtungslinie vom Weltraumteleskop zum hellen Quasar wie Perlen an einer Schnur aufreihen. Nur so können sie aus dessen Licht ja überhaupt Farblinien „verschlucken".

Wie die Analyse der Daten zeigte, befinden sich diese Galaxien in einem sehr frühen Stadium ihrer Entwicklung. Die Astronomen beobachteten Absorptionslinien von Wasserstoff, Helium, Kohlenstoff, Stickstoff und Sauerstoff in Stadien hoher elektrischer Aufladung oder hoher „Ionisationsstufen". In allen Gaswolken mit einem über z = 1,8 liegenden Rotverschiebungswert ist Sauerstoff drei- bis fünfmal häufiger als Kohlenstoff, was darauf hindeutet, daß sich in den Außenbezirken dieser fernen Galaxien gerade die Sterne der Kugelsternhaufen bilden. Mit einem Alter von zehn Milliarden Jahren zählen sie zu den ältesten „Bewohnern" des Universums.

Da die schweren Elemente anders als Wasserstoff und Helium nicht kurz nach dem „Urknall", aus dem das Universum nach heutigem Wissen – wahrscheinlich – entstanden ist, sondern bei nuklearen Fusionsprozessen stufenweise innerhalb der Sterne erbrütet werden, sollte der Anteil des Gases mit schweren Elementen im jungen Universum auch geringer als zehn Milliarden Jahre später in der kosmischen Nachbarschaft der Erde sein. Zahlreiche Sterngenerationen sollten inzwischen die Verteilung der Elemente in Richtung der „Schwergewichte" verändert haben. Die Beobachtungen mit dem Weltraumteleskop scheinen diese Theorie auch zu bestätigen. Bei Systemen von z = 2,308 ist Stickstoff sogar zwölfmal häufiger als Kohlenstoff, was die Astronomen durch eine schnellere Entwicklung zahlreicher massereicher Sterngenerationen erklären. Diese Sterne müßten 500mal massereicher als die Sonne gewesen sein. Dadurch waren die Fusionsprozesse in den Sternen „heftiger“: Diese Gaskugeln durchlebten ihre Glanzzeiten quasi im Eiltempo, wobei sie zügig die beobachteten schweren Elemente erschmolzen.

Uwe Seidenfaden

Was wie ein Gleichnis klingt, hat einen schlüssigen Hintergrund: Daß das Universum aus einer gleichsam punktförmigen Zustandsform unendlicher Dichte heraus in der schöpferischen Explosion eines Urknalls entstanden sein soll, klingt zwar recht märchenhaft, stimmt aber doch mit einem Ergebnis der kompletten Lösung der berühmten Gleichungen von Albert Einstein überein, die Alexander Friedmann 1922 bewältigt hat. Daraus entwickelte Georges Lemaitre fünf Jahre später jenes Bild vom Anfang aller Dinge, das die Kosmologie bis heute beherrscht, obwohl es inzwischen auch in die Kritik geraten ist:

Neue Zweifel zum Anfang aller Dinge

Keinen Grund zur Beunruhigung durch diese neue Situation sah indessen der Kosmologe George Efstathiou an der Universität Oxford, der dazu meinte, daß der Versuch, die kosmische Struktur zu erklären, nichts anderes bedeute, als von der Max-Planck-Zeit im naturgesetzlich wichtigsten Augenblick nach dem welterschaffenden Urknall bis zum heutigen Universum hochzurechnen. Da die Planck-Zeit aber eine Sekunde, geteilt durch eine Eins mit 43 Nullen, das Universum jedoch viele Jahrmilliarden alt ist, dürfte es nicht überraschend sein, wenn ein oder zwei Dinge „scheinbar nicht zusammenpassen“.

Der optimistische Kosmologe wischte dabei freilich unter den Tisch, daß gerade solche „kleinen Unterschiede“ im Kreis seiner Kollegen dazu geführt haben, den Anfang aller Dinge in

Zweifel zu ziehen: den „Big Bang“ also, wie der amerikanische Physiker George Gamov Ende der vierziger Jahre die Geburt des Universums lautmalerisch getauft hatte. Sie fragen sich heute, ob Anhaltspunkte, die dem Big Bang widersprechen, nicht etwa jahrelang in der Dynamik der allzu eingängigen Explosionsidee untergegangen sind.

Professor Rudolf Kippenhahn gehört zur Mehrheit jener Astrophysiker, welche die Vorstellung vom Urknall nach wie vor für richtig halten, wie er in einem Vortrag in der Berliner Urania ganz undogmatisch bekräftigte: „Begeistert“ würde er sich einer neuen Theorie anschließen, die imstande sei, mindestens ein Phänomen mehr zu erklären, als es das Bild vom Urknall leiste. „Nur zu sagen, dieses oder jenes läßt sich nicht erklären, reicht mir nicht … “.

Aus seiner Sicht heraus bestehen die Leistungen der Urknalltheorie darin, daß sie sich einmal in die Gesetze der Physik einfügt und auch erklären kann, warum kein bisher entdecktes Himmelsobjekt älter als die rund 20 Milliarden Jahre ist, vor denen sich dieser Big Bang ereignet hat. Die Mengenverhältnisse der chemischen Elemente Wasserstoff, seiner isotopischen Spielart Deuterium (Schwerwasserstoff) und des Heliums werden mit diesem Urereignis plausibel. Seine Nachwirkung „Hintergrundstrahlung“, die gleichmäßig aus allen Raumrichtungen zur Erde gelangt und als das „Nachglühen“ des Urknalls gedeutet wird, hatten Physiker sogar auf der Grundlage dieser Theorie vorhergesagt, bevor die Amerikaner Arno A. Penzias und Robert W. Wilson diese langwellige Strahlung 1964 dann tatsächlich entdeckten, die auf einen „Temperaturrest“ von etwa 2,7 Kelvin oder Grad Celsius über dem absoluten Temperaturnullpunkt hinweist, der bei minus 273,15 Grad Celsius liegt.

Das wohl stärkste Argument für die Urknalltheorie ist aber, daß sie eine Begründung für die Farbverschiebung des Lichts der Himmelsobjekte bietet. Diese liegt um so tiefer im roten Bereich des Spektrums, je mehr diese entfernt sind. Da hier mit dem Licht das gleiche geschieht wie mit den Schallwellen eines sich vom Beobachter entfernenden Autos – ihre Länge wird gestreckt, der Ton wird tiefer, und im Falle des Lichtes dessen Wellenlänge (Farbe) in Richtung Rot verschoben – kann diese sogenannte Rotverschiebung als eine Begleiterscheinung einer Fluchtbewegung gedeutet werden, die wiederum aufzeigt, daß sich das Universum nach dem Urknall noch immer allseitig ausdehnt.

Zu den bekanntesten Gegnern der Urknalltheorie zählen die Astronomen Fred Hoyle, Hermann Bondi und Thomas Gold. Bereits 1948, im Geburtsjahr des Namens Big Bang, entwickelten sie das Modell eines „Steady State"-Universums, das sich in Raum und Zeit unendlich, also ohne Anfang und Ende erstreckt. Wenn es ihre Theorie heute zu einer neuen Blüte bringt, hat das einen einfachen Grund: Je tiefer der Mensch mit Meßinstrumenten und Satelliten in den Kosmos vordringt, um so mehr Daten und Beobachtungen trägt er zusammen, die sich mit einem Bild vom Urknall nicht vertragen wollen. Da wurden zum Beispiel die Quasare entdeckt, unverstandene Himmelsobjekte gewaltiger Energie, deren erstaunlich hohe Rotverschiebungen der Urknalltheorie zuwiderlaufen. Sollte die Rotverschiebung – damit wäre diese Theorie an ihrer Achillessehne getroffen – am Ende gar kein Maß für die Entfernung der Himmelsobjekte sein? Dann aber träfe die Altersberechnung der Sterne nur zu, wenn andere Theorien, die Bausteine der Urknalltheorie sind, über Bord geworfen würden. Der Verdacht tauchte auf, es könnte Sterne geben, die sogar älter als das angenommene Alter des Universums sind. Und da gibt es überdies die „verlorene Generation" der jungen Sterne: Wohin die Astronomen mit ihren Teleskopen auch immer blicken, finden sie doch offenbar nirgendwo solche „Sterne vom Anfang der Welt", die nur aus leichten Elementen bestehen müßten, weil es kurz nach dem Urknall noch keine schweren gegeben haben konnte.

Zu solchen rätselhaften Befunden gesellte sich dann auch noch ein drückendes „Zeitproblem", nachdem 1989 die „große Mauer" entdeckt worden war, eine gigantische Superstruktur aufeinandergehäufter Galaxien. Keine Kraft der Physik hätte ausreichen können, um in den knapp 20 Jahrmilliarden, die das

Universum alt sein soll, ein solches Gebilde hervorzubringen und auszuformen. Auch das Gleichmaß des Nachglühens des Urknalls, der kosmischen thermischen Hintergrundstrahlung, wurde inzwischen zu einem Problem. Denn das aus Sternen und Sternsystemen bestehende „strukturierte Universum“ kann aus dem Big Bang nur dann hervorgegangen sein, wenn es schon im Urbeginn Unregelmäßigkeiten in seiner materiellen Dichteverteilung gegeben hat, die gleichsam Kristallisationskeime für die späteren Objekte waren. Diese Unregelmäßigkeiten müßten sich aber noch heute in der Hintergrundstrahlung als „cosmic ripples“ und damit als „Kräuselungen“ nachweisen lassen. Mutig sandte die amerikanische Weltraumbehörde NASA 1989 den Satelliten COBE aus, den „Cosmic Background Explorer“. Doch die Schwankungen, die er registriert und zur Erde gefunkt hat, sind so winzig, daß sie erst im Durchlauf durch eigens entwickelte Computerprogamme und elektronische Filter überhaupt sichtbar werden und damit für eine Beweisführung zu klein.

1990 brachte der amerikanische Physiker Halton Arp am Max-Planck-Institut für Astrophysik in München das Bild vom Steady State-Universum auf einen modernen Stand. Demnach handelt es sich dabei um einen Kosmos von gleichbleibender Dichte. Um seine ständige Ausdehnung auszugleichen, muß darin in einem gewaltigen schöpferischen Prozeß ständig neue Materie nachproduziert werden. Das geschieht in „creation events“, schöpferischen Ereignissen also, die auch mehr oder weniger „unauffällige“ (diskrete) Explosionen sein können, und geht von „Kreationszentren“ aus, in denen bereits dichte Materie und entsprechend starke Schwerkraftwirkungen vorherrschen. Der „Urknall“ war wohl nur eines dieser Ereignisse, das nur einen Teil des Universums entstehen ließ. Auch die Rotverschiebung ist für die Urknallgegner nicht allein das Kennzeichen einer Fluchtbewegung. Sie nehmen für dieses Phänomen noch andere Ursachen an wie etwa Quanteneffekte oder die Schwerkraft. Wenn die Quasare dann „trotz“ ihrer hohen Rotverschiebung viel zu nahe an der Erde sind, so liegt das nicht an einer „optischen Täuschung“, wie die Urknalltheoretiker annehmen, sondern ist einfach Wirklichkeit. Im Staedy State-Universum gibt es auch keine „Zeitprobleme“ mit elliptischen Galaxien, der „großen Mauer“ und anderen Superstrukturen. Denn da das Universum aus dieser Sicht heraus ewig war und ewig sein wird, bleibt für alle Arten von kosmischen Geburts- und Sterbeprozessen tatsächlich „alle Zeit der Welt“.

Susanne Billig

GESCHICHTEN, DIE DIE FORSCHUNG SCHREIBT

MITGESCHÖPFE DES MENSCHEN

Von Quastenflossern, Wölfen, Braunbären und leuchtenden Fischen

Vor etwa 400 Jahrmillionen entstanden fischähnliche Amphibien aus einer Gruppe urtümlicher Fische, den Quastenflossern. Der zufällige Fang eines anderthalb Meter großen Vertreters dieser seit 70 Jahrmillionen für ausgestorben gehaltenen Tiere vor der Mündung des Chalumna-Flusses 1938 in Südafrika war denn auch eine Sensation, der inzwischen weitere aufregende Befunde gefolgt sind. Einer davon widerlegt sogar eine lange gehegte Vermutung:

Auf den Flossen „gehen" sie nicht

Wie man seit den fünfziger Jahren ebenfalls durch Zufall weiß, leben die fachlich Crossopterygier genannten Quastenflosser so gut wie ausschließlich im Bereich der Komoren-Inseln im westlichen Indischen Ozean, vor Grande Comore und Anjouan in Tiefen um 200 Meter. Dort sind Forscher des Max-Planck-Instituts für Verhaltensphysiologie, Seewiesen, um den Meeresbiologen Professor Hans Fricke ihren Spuren schon verschiedentlich mit ihren Tauchbooten „Jago" und Geo" gefolgt. Sie haben sie im schroff abfallenden Küstenbereich der Vulkaninsel Grande Comore bis in 400 Meter Tiefe beobachtet – und befürchten nun auch, daß deren Bestand von höchstens 500 Tieren nicht nur durch Inzucht, sondern auch dadurch bedroht ist, daß „die wenigen jährlich von einheimischen Fischern gefangenen Exemplare" nicht nur auf dem Sammlerschwarzmarkt verkauft werden, sondern neuerdings zunehmend auch in den Kochtöpfen landen.

Latimera chalumnae, wie diese Art zoologisch genannt wird, kommt bei dieser Insel nur an der Westküste vor, wo Steilabfalle von bis zu 45 Grad Neigung dicht am Ufersaum beginnen. Tagsüber tummeln sich die Tiere in Lavahöhlen zwischen 180 und 210 Meter Tiefe in Gruppen bis zu 14 Exemplaren. Nachts verlassen sie diese Standorte zum Beutefang und kehren erst morgens zurück. Wegen ihrer unterschiedlich gezeichneten Hautmuster können die Forscher die Tiere so gut voneinander unterscheiden, daß ihnen inzwischen mehr als 40 „persönlich bekannt" sind. Auf ihren Spuren fanden sie denn auch heraus, daß Quastenflosser über Jahre hinweg ortstreu sind, wenn sich ihre Streifzüge auch bis zu acht Kilometer weit entlang der Küstenlinie erstrecken können.

Glaubte man bisher, daß Latimera zur Jagd in flacheres Wasser aufsteigt, wo der „Tisch“ für sie reichhaltiger gedeckt ist, so erwies sich nun das Gegenteil. Mit kleinen Sendern ausgestattete Tiere meldeten sich noch aus Tiefen bis zu 698 Meter, in denen es nur wenige Beutetiere gibt. Nunmehr läßt sich auch verstehen, weshalb ihr Blut Sauerstoff bei weniger als 15 Grad Celsius am besten an sich bindet, da diese Temperaturen bei Grande Comore im Sommer erst unterhalb 200 Meter Tiefe vorherrschen. Die nachtaktiven Tiere, die erwachsen etwa eineinhalb Meter groß sind und rund 100 Kilogramm wiegen, finden ihre Beute dadurch, daß sie diese über deren schwache bioelektrischen Felder wahrnehmen und orten. Dann sichern sie sich diese mit überraschend schnellen „saugschnappenden Bewegungen“, bei denen sie kurzzeitig eine Beschleunigung von 21 bis 26 Meter pro Quadratsekunde erreichen, während – zum Vergleich – die im freien Fall wirksam werdende Erdbeschleunigung bei 9,8 Meter pro Quadratsekunde liegt. Für diese raschen Zugriffe schlagen sie die Anal- und die zweite Rückenflosse ihrer äußerst strömungsgünstigen Körper schnell hin und her, was die Forscher als einen „Kompromiß zwischen Anforderungen an langsames, stetiges Schwimmen und Gleiten sowie an kurze effektive Schnellstarts bei der Beutejagd“ nennen. Denn sonst leben die Quastenflosser eher gemächlich: Unter Fischen ähnlicher Größe haben sie den absolut geringsten Ruhestoffwechsel und von allen untersuchten Fischen auch die kleinsten Kiemenoberflächen. Langsame und energiesparende Bewegungen und eine träge Lebensweise in Verbindung mit einem geringen Grundumsatz machen es möglich, daß sie in ihrer extrem beutearmen Umwelt überhaupt überleben können.

Elf unterschiedliche Bewegungsarten sind bei ihnen bekannt, unter denen aber eine robbenartige Fortbewegung am Boden, wie sie die stammesgeschichtliche Stellung an der Abzweigung vom Fisch zum landlebenden Vierfüßer zunächst vermuten ließ, nicht vorkommt. Die Fische benutzen ihre paarigen Flossen vielmehr zu einer besonderen Art des Schwimmens, wobei sie sich gleitend von der Strömung verdriften lassen. Dabei verhindert eine fein abgestimmte Koordination der paarigen Brust- und Bauchflossen Drehbewegungen um die Längsachse. Diese Bewegungsfeinabstimmung entspricht allerdings dem typischen Gang der Landwirbeltiere, weshalb die Forscher denn auch vermuten, daß sie der entwicklungsgeschichtliche „Schrittmacher" für die Eroberung des Festlandes gewesen sein könnte, die von den „lebenden Fossilien" vor den Komoren allerdings nicht unternommen worden ist. Wie Professor Fricke in einer Veröffentlichung dokumentierte, ist der diesbezügliche „Verdacht" auf ganz andere Weise zustandegekommen: Als man den „ersten" Quastenflosser von 1938 nämlich präparierte, wurde das Tier mit seinen paarigen Flossen sozusagen als „Grundgeher" ausgeformt, indem man diese – wie man heute weiß – ganz unnatürlich nach unten drückte. Das führte unter anderem auch dazu, daß J. L. B. Smith seiner „Entdeckungsgeschichte des ersten Quastenflossers" den Titel „Old Fourlegs", also „alte Vierfüßer", gegeben hat und so eine nun widerlegte „Legende" entstand.

Im übrigen zeigen die Quastenflosser Merkmale der Haie, der Knochenfische, aber auch der Vierfüßer, wobei einige molekularbiologische Studien die alten klassischen Vorstellungen bestätigen, daß ihre überlebenden Vertreter nahe Verwandte der Vierfüßer sind. So ist etwa ihr roter Blutfarbstoff, das Hämoglobin, dem junger Amphibien ähnlicher als dem anderer Fische.

Dr. Wilhelm Irsch

Als der Pinguin vor rund 45 Millionen Jahren seine Entwicklung als „Unterwasserflieger" abschloß, war auf Antarktika noch alles anders. Wo das Eis heute oft kilometerdick das Festland bedeckt, die Meerestemperaturen nahe am Gefrierpunkt liegen und mit bis zu minus 40 Grad Celsius klirrend kalte Windböen mit 300 Kilometer pro Stunde über die weißen Berge fegen, bedeckten einst Wälder den noch nicht am Südpol liegenden Kontinent. Doch die Natur war stärker und hat das Wunder vollbracht, diese Tiere überleben zu lassen:

Überlebenskünstler im Frack

Waren es neben der Kälte noch vor Jahrzehnten nur Seeleoparden, Schwertwale und an Land die Raubmöven, die dem Pinguin gefährlich werden konnten, so ist es heute auch der Mensch, der in zunehmendem Maße in der Antarktis erscheint und vor allem die Schätze der südpolaren Meere ausschöpfen will. So sieht denn auch der Pinguin-Experte Dr. Rudolf Bannasch die Entwicklung der Krillfischerei mit großer Sorge. Denn diese Leuchtgarnele, die gewichtsmäßig häufigste Tierart der Erde, bildet für einige der auf und um Antarktika herum existierenden 18 Pinguinarten die einzige Nahrungsquelle. Dies wird meist vergessen, wenn Ernährungsexperten ihn als Eiweißquelle der Zukunft anpreisen, hohe Fangquoten festgelegt werden und sich Fischer mit modernsten High-Tech-Schiffen und Aufspürgeräten auf die Suche nach den Schwärmen machen. Doch nun sollen Pinguine den Forschern dabei helfen, sich selbst und ihren Lebensraum zu schützen.

Einige Arten, die sich ausschließlich von Krill ernähren, wurden im Rahmen internationaler Schutzprogramme als sogenannte Indikatoren ausgewählt, erläutert Bannasch die Hintergründe dieser Nachforschungen, zu denen er selbst als Mitarbeiter des Instituts für Bionik der Freien Universität Berlin schon wesentlich beigetragen hat: Eine möglichst genaue und fortlaufende Beobachtung der Pinguinbestände soll demnach darüber Aufschluß geben, ob und wann das äußerst empfindliche ökologische Gleichgewicht der Antarktis durch Überfischung oder andere menschliche Einwirkungen in Gefahr gerät. Doch so gut sich diese Tiere an Land zählen und beringen lassen, so behende schwimmen sie im Meer ihren Erforschern davon. „An der Uferlinie hörten unsere Kenntnisse bisher einfach auf", sagt Bannasch, der jahrelang für die Polarforschung der ehemaligen DDR verantwortlich war.

Deshalb hat der Forscher zusammen mit Dr. Rory Wilson und Dr. Boris Culik am Institut für Meereskunde der Universität zu Kiel eine völlig neue Beobachtungstechnik in die Vogelkunde eingeführt – den „Datalogger". Im antarktischen Sommer 1991/92 brachen die Forscher damit auf eine Expedition zu den King-George-Inseln auf. Dort schnallten sie Pinguinen das unscheinbare Gerät wie einen kleinen Rucksack auf den Rücken. Vollgestopft war jeder Datalogger mit modernster Elektronik: Sobald sich die Tiere in die Weiten der antarktischen Meere davonmachten, erfaßten die Sensoren im Zehn-Sekunden-Takt, sämtliche Eckdaten dieser Streifzüge zur Futtersuche. Tauchtiefen, Schwimmgeschwindigkeiten, Licht- und Temperaturverhältnisse – nichts blieb der scheckkartengroßen Speichereinheit in dem Minicomputer verborgen. Sobald die Vögel in ihre Brutkolonie zurückkehrten, konnten die Forscher diese „Fahrtenschreiber" entfernen und mit dem Computer auswerten, wofür schon ein kleiner „Laptop" genügte. Nach einigen Wochen Arbeit waren so Ort und Dauer der Nahrungsausflüge vieler einzelner Tiere kartiert. „Anstatt daß wir den Tieren vorgeben, worüber wir etwas wissen wollen, führen sie uns zu den Lebensbereichen, die für sie selbst interessant sind", charakterisiert Bannasch diese Vorgehensweise.

Flankiert wurden diese Untersuchungen durch den Einsatz anderer Methoden: So errichteten die Wissenschaftler neben ihrer Forschungsstation einen 21 Meter langen Schwimmkanal mit Plexiglasfenstern an jeder Seite, durch die sie die Tiere bei ihrem „Flug" mit einer Hochgeschwindigkeitskamera ablichten konnten. In Superzeitlupe ließen sich hinterher Details der Flügelschlagbewegungen analysieren. An beiden Seiten war der Schwimmkanal durch Kammern begrenzt, in denen die Pingui-

ne Luft holen konnten. Die Untersuchung dieser Atemluft gab einen guten Überblick über ihren Sauerstoff- und damit Energieverbrauch. Darüber hinaus verabreichten die Forscher den Tieren auch eine Schlucksonde, um aus Temperaturmessungen im Magen zu erschließen, wann und in welchen Mengen der – kalte! – Krill gefressen wurde. „Nach dem Nahrungsausflug haben wir die Tiere kurz auf den Kopf gestellt und die Sonde kam relativ problemlos wieder zum Vorschein“, beschreibt Bannasch das Ende dieser Prozedur und betont, daß dabei der größte Teil der Nahrung den Tieren erhalten blieb und dies auch keinem der Frackträger zweimal zugemutet wurde.

Schließlich wurde noch der mit acht Meter Rohrdurchmesser größte Umlaufkanal der Welt an der Versuchsanstalt für Wasserbau und Schiffsbau der Technischen Universität Berlin in Bewegung gesetzt, um an Abgußmodellen die „Stromlinienform“ verschiedener Pinguinarten auszumessen. In der Regel bewegt sich ein Pinguin 2,5 Meter pro Sekunde vorwärts, was etwa zehn Kilometer pro Stunde entspricht. Kurzzeitig kann er aber auch 20 bis 25 Kilometer pro Stunde erreichen und bis zu 1,5 Meter hoch aus dem Wasser schnellen, etwa wenn er auf eine Eisscholle springt. Die kleinen Arten bleiben fünf bis sieben Minuten unter Wasser und tauchen 30 bis 50 Meter tief, in Einzelfällen können es aber auch, wie Culik, Wilson und Bannasch als bisherigen „Tauchweltrekord“ für Adelie-Pinguine messen konnten, 240 Meter sein. Die drei fanden heraus, daß der sogenannte Widerstandsbeiwert (c_W) des Pinguinkörpers jedes moderne Unterseeboot problemlos in den Schatten stellt. Mit einem c_W-Wert von 0,03 setzt der Schwimmvogel seiner Umgebung zehnmal weniger Widerstand entgegen als der windschnittigste Sportwagen.

Interessanterweise suchen Pinguine nicht, wie bisher angenommen, bevorzugt große Krillschwärme auf, sondern tun sich auch an kleineren Vorkommen dieser Garnelen gütlich. Das ergaben die Daten aus den Magensonden. Gerne suchen die Tiere ökologische Grenzgebiete auf, wagen sich aus der engeren Inselumgebung weit vor ins kältere und damit sauerstoffreichere und mehr Nahrung mit sich führende offene Meer. Umgekehrt kann ein Pinguin, etwa wenn es die Fütterung eines hungrigen Nachkommen verlangt, auch lange auf sein Garnelenessen verzichten. Ein Verlust von bis zur Hälfte des eigenen Körpergewichts ist während der Aufzucht der Jungen keine Seltenheit.

Bannasch und seine Kollegen, die den Datalogger auch für andere Bereiche der Biologie, so für andere Vögel, weiterentwickeln, geht es vor allem um den Fortschritt in einer weltweit durchgeführten Umweltforschung. „Wir wollen Grenzwertberechnungen für die Anpassungsfähigkeit der Tiere entwickeln, um letztlich die Frage zu beantworten: Wie tief darf der Mensch in das antarktische Ökosystem eingreifen, ohne es zu gefährden?“ Allerdings sind sie dabei so optimistisch nicht: Es besteht nur eine begrenzte Hoffnung, daß die Ergebnisse solcher Forschungen abgewartet und berücksichtigt werden, bevor Krillfänger, Touristentrecks oder auch die Mitarbeiter von Forschungsstationen sich zu ihren risikoreichen Unternehmungen in der Antarktis aufmachen.

Susanne Billig

Seit es sich herumgesprochen hat, daß elektrische Ströme und Felder zum Alltag des Zellgeschehens aller Organismen gehören, haben „elektrische Fische“ wie Zitterrochen, Zitteraale und Zitterwelse die Aura des Außergewöhnlichen verloren, und Berichte über ihre „gefährlichen elektrischen Schläge“ lösen nur noch müdes Achselzucken aus. Doch die ganze Geschichte ist das noch lange nicht:

Elektrische Fische teilen nicht nur Schläge aus

Tatsächlich stellt der Einsatz elektrischer Entladungen als Abwehrwaffe oder zur Betäubung von Beutetieren nur einen kleinen Auszug aus dem „Katalog“ der elektrischen Fische dar. Auch für die Verständigung innerhalb ihrer Arten, die Orientierung und sogar die Identifizierung lebenswichtiger Dinge nutzen sie ihre elektrischen Fähigkeiten, deren physikalisch-physiologische Natur zumindest zum Teil erst ansatzweise aufgedeckt ist.

So weiß man heute, daß es eine ganze Reihe von Süßwasserfischen gibt, die mit umgewandelten Nerven- und Muskelzellen ständig schwache elektrische Felder erzeugen. Diese „schwachelektrischen“ Fische lassen sich in zwei Klassen unterteilen, in die „Summer“ und die „Knatterer“. Die Summer erzeugen harmonisch schwingende Entladungen, wobei inzwischen bis zu 1 700 Schwingungen pro Sekunde (Hertz) gemessen werden konnten. Zu den Summern gehören zwei Familien der südamerikanischen Meeresfische; diese Gymnotiformes sind karpfenverwandte Fische mit gestreckten, aalartigen Körpern und sehr kleinen Augen.

Die Knatterer dagegen erzeugen in rascher Folge kurze elektrische Impulse – pro Sekunde konnten schon bis zu 100 von weniger als einer Tausendstelsekunde Dauer nachgewiesen werden. Vertreter der Knatterer sind unter anderem die meisten der in Afrika lebenden Nilhechte oder Mormyriden, die zahlreiche altertümliche Merkmale aufweisen und ihre Nahrung im weichen Bodenschlamm der Flüsse finden.

Macht man die elektrischen Signale der Fische durch Umwandlung hörbar, ergeben die harmonisch schwingenden Entladungen einen Summton, die pulsförmigen dagegen ein Knattern. Die schwachelektrischen Fische empfangen die Signale mit besonderen Sinnesorganen, die wegen ihrer knotigen Form „tuberöse Elektrorezeptoren" genannt werden und zu mehreren hundert über Kopf und Körper verteilt sind. Mit ihnen können sie vor allem selbsterzeugte Felder erkennen, deren Wechselspannungen über 50 Hertz liegen.

Aus Verhaltensuntersuchungen und elektrophysiologischen Experimenten ist schon seit längerem bekannt, daß schwachelektrische Fische ihre elektrischen Sende- und Empfangsorgane zur gegenseitigen Verständigung einsetzen. Bekannt war auch, daß die elektrischen Organe zur Wahrnehmung und Ortung von Objekten genutzt werden, was vor allem im trüben Wasser und bei Dunkelheit vorteilhaft ist. Dabei nutzt die Natur sozusagen die Tatsache, daß praktisch alle im Wasser befindlichen Gegenstände einen anderen elektrischen (ohmschen) Widerstand haben als das Wasser selbst. Dadurch aber wird zumindest im Nahbereich des Fisches die Schwingungshöhe des abgegebenen Signals direkt verändert, es wird stärker oder schwächer, wenn sich der Fisch einem solchen Objekt nähert.

Elektrische Systeme dieser Art funktionieren also grundsätzlich anders als ein Radar. Während bei diesem ein abgestrahltes Signal vom Objekt zurückgeworfen und dann aus dessen Laufzeit und Veränderungen auf Entfernung, Bewegung und Art des Objekts geschlossen wird, registrieren schwachelektrische Fische Veränderungen des Feldes in ihrer Umgebung durch andere Objekte. Das Signal des Fisches wird dabei bereits beim Senden so verändert, daß die ihm dadurch eingeprägte Information von benachbarten „Empfängern" oder Rezeptoren auf dem Fischkörper zu einem räumlichen Bild entschlüsselt werden kann.

Doch die Fische können so nicht nur die Lage von Objekten orten. Verhaltensexperimente, die von Dr. Gerhard von der

Emde an der Universität Regensburg durchgeführt wurden, zeigten auf, daß zumindest einige Arten der Nilhechte sogar gewisse Materialeigenschaften erkennen können – sie reagieren auf sogenannte kapazitive Widerstände. Diese aber sind typisch für Pflanzen und Tiere. Denn im Gewebe eines jeden Lebewesens gibt es Membranen und Zellverbände, die wie kleine Kondensatoren wirken, sich also aufladen können. Solche Kondensatoren verändern in Abhängigkeit von der jeweiligen elektrischen Schwingung nicht nur die Stärke der vom Fisch ausgesandten Impulse, sondern auch deren Phasenlage.

Wie die Fische ohmsche und kapazitive Widerstände unterscheiden können, war zunächst unbekannt. Zwar wußte man aufgrund anatomischer Untersuchungen, daß es bei den Nilhechten zwei Arten von Rezeptoren gibt, die als A- und B-Zellen bezeichnet werden, und daß beide über unterschiedliche Nervenfasern mit verschiedenen Bereichen des Zentralnervensystems in Verbindung stehen. Über deren funktionelle Unterschiede war jedoch nichts bekannt. Erst als sich Dr. Gerhard von der Emde und Dr. Horst Bleckmann von der Universität Bielefeld des Problems annahmen, begann sich das Dunkel zu lichten.

Die beiden Forscher blockierten mit Arzneimitteln das elektrische Sendeorgan von Nilhechten und boten dann den Elektro-Rezeptoren verschiedene Signale an – so auch von den Nilhechten selbst stammende, unverzerrte, die vorher aufgenommen und gespeichert worden waren. Dann spielte man den Tieren Signale vor, die mit Computerhilfe in ihrer Phase verschoben worden waren, nach Dauer und Schwingungszahl mit den ursprünglichen aber übereinstimmten. Dabei zeigte sich, daß A-Zellen auf beide Signalformen gleich reagierten, die B-Zellen jedoch nicht. Wies das Testsignal eine Phasenverschiebung auf, so reagierten diese darauf schneller und mit mehr Nervenimpulsen. Dabei reichte schon eine Phasenverschiebung von nur einem Winkelgrad aus, um diese Reaktion auszulösen. Das entspricht zeitlich weniger als einer Millionstelsekunde – nach Meinung der Forscher wurde ein so hohes zeitliches Auflösungsvermögen eines Sinnesorgans zuvor noch niemals nachgewiesen.

Die Reaktion der B-Zellen auf solche Phasenverschiebungen bleibt auch unter natürlichen Bedingungen erhalten. Stellt man im Experiment die Annäherung eines anderen Lebewesens an den elektrischen Fisch nach, produzieren die beiden Rezeptortypen unterschiedliche Antworten, die dann wahrscheinlich im Zentralnervensystem verrechnend miteinander verglichen werden. Ob die verschiedenen für die Fische wichtigen Lebewesen wie Artgenossen, Beutetiere oder Feinde unterschiedliche kapazitive Eigenschaften aufweisen und an diesen auch erkannt werden können, ist allerdings eine Frage, die erst noch geklärt werden muß.

Dietrich Zimmermann

Biolumineszenz, wie die Lichterzeugung durch lebende Organismen genannt wird, erzeugen nicht nur die Glühwürmchen und jene Kieselsäurealgen, die das Meeresleuchten hervorrufen, sondern auch Pilze und Bakterien. Bereits der altgriechische Philosoph Aristoteles wußte zu berichten, daß die Köpfe, Schuppen und Augen von Fischen im Dunkeln leuchten können:

Das leuchtende „Frachtgut" der Fische

Auch später wurde immer wieder über Lebensmittel berichtet, tote Fische oder Fleisch, die während der Lagerung in kühlen Speisekammern oder Kellern auf unerklärliche Weise leuchteten. Nach der Entwicklung leistungsfähiger Mikroskope und der Einführung bakteriologischer Arbeitstechniken durch Robert Koch (1843–1910) stellte sich sehr bald heraus, daß das beobachtete Leuchten von Bakterien stammte, die Fisch und Fleisch in dünnen Belägen überzogen.

Solches Licht senden auch etwa zwei Drittel aller Tiere aus, die in der Dämmerungszone der Tiefsee leben, darunter etwa

1000 Fischarten. Dessen „Urheber“ sind aber nicht nur Leuchtbakterien in den Eingeweiden oder auf der Körperoberfläche, sondern auch solche, die in besonderen Leuchtorganen sozusagen Unterschlupf gefunden haben. Biologen haben inzwischen festgestellt, daß die Fische für die Verbreitung dieser Leuchtbakterien sorgen, die sie wie Passagiere über beträchtliche Entfernungen hinweg verfrachten.

Die meisten Leuchtbakterien leben im Meer. Die einzige bisher bekannte Süßwasserart Vibrio cholerae wurde aus dem Elbwasser bei Hamburg – in dieser Stadt wütete vor rund einem Jahrhundert eine verheerende Choleraepidemie – und im Stuhl von Cholerapatienten isoliert. Eine andere Art, Xenorhabdus luminescens, lebt auf dem Lande und ist mit Fadenwürmern (Nematoden) vergesellschaftet. Amerikanische Wissenschaftler haben einen nahen Verwandten von ihr auch in menschlichen Wunden nachgewiesen.

Diese Leuchtbakterien erzeugen „kaltes“ Licht von grünlicher bis grünlich-weißer Farbe. Früher glaubte man, es bei dieser bakteriellen Lumineszenz mit der Oxidation von Phosphor oder einer Phosphorverbindung zu tun zu haben, weshalb man auch von „Phosphoreszenz“ sprach. Als ökologisch äußerst vielseitige Organismen besiedeln marine Leuchtbakterien sehr unterschiedliche Lebensräume, sei es freilebend, als Zersetzer (saprophytisch), „Mitesser“ (kommensalisch) oder als Schmarotzer (parasitisch). Einige haben sich denn auch mit Fischen und Tintenfischen vergesellschaftet und leben in deren Leuchtorganen.

Über die räumliche und zeitliche Verbreitung der im Meer freilebenden Leuchtbakterien wissen die Biologen noch recht wenig. Je nach der Fähigkeit der Bakterien, bei 40 oder auch nur zehn Grad Celsius wachsen zu können, haben sie im östlichen Mittelmeer zwischen „Sommer- und Winterstämmen“ unterschieden. Zur Frage, welchen Vorteil das Leuchten von Bakterien den Fischen verschafft, gibt es ebenfalls nur Mutmaßungen. Während das Leuchtbakterium vom Fisch Nährstoffe und vergleichsweise stabile Lebensbedingungen erhält, nutzt der Fisch wiederum das Bakterium für Nahrungserwerb, Partnersuche, innerartliche Kommunikation und Verteidigung. Kotpartikel, die auf dem Tiefseegrund von Leuchtbakterien befallen werden, können von anderen Tieren besser gesehen und gefressen werden. Auf diese Weise können Nahrungsquellen genutzt werden, die ohne das von diesen Mikroorganismen erzeugte Licht nicht verfügbar wären.

Untersuchungen von Dr. Claus-Jürgen Schulz, die dieser unter anderem am Institut für Meereskunde der Universität zu Kiel durchführte, deuten darauf hin, daß Fische den Leuchtbakterien in weitaus stärkerem Maße als bisher angenommen neue Verbreitungsgebiete erschließen. So infizieren sich zum Beispiel Wittlinge und Dorsche, die aus der Nordsee in die Ostsee wandern, in der Nordsee oder dem salzreichen Tiefenwasser des Kattegats über die Nahrung oder durch die Aufnahme von Seewasser mit Leuchtbakterien und verfrachten diese auf ihren Wanderungen in die Ostsee. Die Bakterien werden oft auch von anderen Tieren, etwa zusammen mit Kot, aufgenommen und danach „vermehrt" wieder ausgeschieden.

In den letzten Jahren haben die marinen Leuchtbakterien bei der Untersuchung von Wasser- und Bodenproben übrigens auch ein neues „Tätigkeitsfeld" im Umweltschutz gefunden. Bei einem genormten Biotest signalisiert ihre jeweilige Lichtentwicklung die Giftigkeit von Einzelsubstanzen oder verschiedenen Schadstoffen. „Abwasserbakterien", denen mit gentechnischen Methoden die Leuchtgene ihrer Verwandten aus dem Meer übertragen wurden, sind in großen Chemieunternehmen bereits bei der Abwasserüberwachung im Einsatz.

Dr. Wilhelm Irsch

Blumen zählen zu den schönsten „Kunstformen" der Natur, doch ist ihr Daseinszweck nicht das Wohlgefallen der Menschen, sondern die Arterhaltung. Ihre Düfte, Formen und Farben dienen der Verständigung mit Insekten oder auch „Blumenvögeln" wie den Kolibris und sind bewundernswerte Werbetricks, um möglichst viele Blütenbestäuber anzulocken. Doch auch diese mußten erst einmal entwickelt werden:

Wie Blumen und Insekten zusammenfanden

Vor 120 Millionen Jahren haben die Insekten Blüten noch eher zufällig besucht, da die Pflanzen damals vor allem an eine Bestäubung durch den Wind angepaßt waren. Ihnen fehlten Lockdüfte noch ebenso wie orchideenbunte Farbenpracht oder ein verlockend süßes Nektarangebot. Erst später konnten sie die Insekten, die bis dahin ihre Samenanlagen und Pollen fraßen, als Partner gewinnen.

Heute werben die meisten Pflanzen mit auffälligen Blütensignalen und belohnen ihre Bestäuber mit Nahrung. Diese haben sich im Verlauf der Entwicklungsgeschichte diesem Angebot ebenfalls angepaßt und zum Beispiel bestimmte Verhaltensweisen oder auch besondere Mundwerkzeuge entwickelt, mit denen sie „ihre" Blüten jeweils aussaugen können. „Bienenblumen" zum Beispiel machen mit einem auch dem menschlichen Geruchsempfinden angenehmen Terpengeruch auf sich aufmerksam. Durch leuchtend gelbe Staubgefäße und intensiv gefärbte Blütenmale unterscheiden sie sich zudem von Blumen, die von anderen Insekten bestäubt werden.

„Dennoch duftet keine Bienenblume wie die andere, verschiedene Formen und Farbtöne finden sich nebeneinander", berichtet Dr. Klaus Lunau, der sich am Institut für Zoologie der Universität Regensburg mit der Blütenerkennung durch Insekten befaßte und auch der Frage nachgegangen ist, ob diese Fähigkeit angeboren ist oder erlernt werden muß. Dabei zeigte sich, daß viele Insekten tatsächlich erst die „Schulbank“ drücken müssen, bevor sie die gleiche lohnende Futterpflanze immer wieder aufsuchen können. Erst wenn sie bei einer Blüte nämlich Erfolg hatten, erlernen sie auch deren für ein späteres Wiedererkennen wichtigen Blütensignale. Davon haben dann beide Partner Vorteile: die Pflanze, weil ihr Pollen gezielt übertragen wird, und der Bestäuber, weil seine Nahrungssuche erfolgreicher wird, wenn er sich selbst auf die lohnendste Tracht „dressiert“. Manche Insekten haben aber auch die Fähigkeit geerbt, selbst ohne solche Erfahrungen auf bestimmte Schlüsselreize zu reagieren. Sind die Bestäuber etwa nur auf eine Futterpflanzenart spezialisiert, kann die Blütenerkennung solchen Schlüsselreizen folgen, die natürlich von Art zu Art ganz unterschiedlich sein können. Ein Drittel aller Bienen bestäubt nur ganz bestimmte Pollenpflanzen, die Sandbiene so nur die Blüten der Zaunrüben, die sie an ihrem Duft erkennt. Gibt es darüber hinaus ein innerartliches Verständigungssystem, kann das Wissen weitergegeben werden.

Die meisten der einzeln lebenden Bienen (Solitärbienen), Hummeln, Schwebfliegen und Schmetterlinge verbinden angeborenes mit erlerntem Verhalten. Dabei wird die angeborene Orientierung an bestimmten Locksignalen durch das Erlernen der Merkmale der gerade besuchten Futterpflanze erweitert. Die Entwicklung von Signalen wiederum, die nur eine einzige Insektenart anspricht, hat die enorme Vielfalt der Blütenpflanzen hervorgerufen. Ein Beispiel dafür bieten die Schwebfliegen der Gattung Eristalis, die sich im Labor züchten lassen. Frisch geschlüpft fliegen sie unter verschiedenen Blütenattrappen nur gelbe an, die sie mit ihrem Rüssel betupfen. Denn es ist ihnen angeboren, Nektar nur in gelben Blüten zu suchen und dabei auch leuchtend gelbe Pollen und ebenso gefärbte Staubbeutel zu finden. Durch Dressur lernen die Fliegen dann aber auch, auf Blüten zu landen, die nicht gelb gefärbt sind.

Hummeln, wichtige Bestäuber zahlreicher „Bienenblumen“, orientieren sich dagegen anders. Frisch geschlüpfte Erdhummeln (Bombus terrestris) haben keine Vorliebe für einen bestimmten Farbton „geerbt“, obwohl Farben auf sie unterschiedlich anziehend wirken. So fliegen Hummeln, die zuvor noch nie Kontakt mit Blüten hatte, bevorzugt Attrappen von hoher Farbsättigung an – unabhängig von deren Helligkeit und Farbton. Andere Blütenmerkmale werden für sie erst bei der Nahorientierung bedeutsam. Auch frisch geschlüpfte Taubenschwänzchen (Macroglossum stellaratum), tagfliegende Schwärmer, die beim Blütenbesuch wie Kolibris in der Luft stehen bleiben, orientieren sich an der Farbintensität der Blüten, die sie mit ihrem langen Rüssel dann aussaugen.

Aber auch für die Blütenpflanzen hat die Natur weitere Werbetricks entwickelt, wie ein raffiniertes Täuschungsmanöver der Orchideengattung Ophrys erkennen läßt. Deren Blüten ahmen Sexuallockstoffe (Pheromone) und für das Paarungsverhalten wichtige Sicht- und Berührungssignale von Insekten wie Hummeln, Bienen oder Fliegen nach, so daß die Männchen die Blüten dann bei vermeintlichen Paarungsversuchen bestäuben. Nicht weniger trickreich „arbeitet" der Frauenschuh, dessen Blüten durch Form und Duft die Nester der Sandbiene (Andrena haemorrhoa) nachahmen. Auch Schummeln und regelrechte Bauernfängerei gehört in der Natur offenbar zum erfolgreichen Zusammenleben.

Dr. Wilhelm Irsch

Auch heute noch gelingt es den Zoologen immer wieder, neue Tierarten ausfindig zu machen. In manchen Regionen tauchen zudem als ausgestorben geltende Arten plötzlich wieder auf und belegen, daß die Kenntnisse über ihr Vorkommen nur unzureichend waren. Das gilt auch für den Waldrapp, einen überaus seltsamen Vogel, der einst in den Alpen heimisch war:

Comeback eines Ausgestorbenen

Der weitläufig mit den Störchen verwandte Stelzvogel, den die Zoologen Geronticus eremita getauft haben, gehört zu den am stärksten gefährdeten Vogelarten der Welt; er gilt seit 1989 in seinem östlichen Verbreitungsgebiet Vorderasien als ausgestorben und findet sich auch in Afrika nur noch in einzelnen Brutkolonien. Kaum zu glauben ist denn auch, daß dieser sagenumwobene Ibisvogel mit seinem metallisch-grünglänzenden schwarzen Gefieder noch im 17. Jahrhundert in den Alpengebieten Deutschlands, Österreichs und der Schweiz zu Hause war. Brutkolonien befanden sich an den Felswänden des Donautals bei Kelheim und Passau, am Festungsfelsen der Stadt Salzburg und am Grazer Schloßberg, wobei die bizarre Gestalt des kahlköpfigen Storchenverwandten nur schwer in das Bild der einheimischen Vogelwelt zu passen scheint.

Über die Gründe seines Rückgangs rätseln die Vogelkundler noch und führen neben Klimaveränderungen auch ins Feld, daß junge Waldrappe als Delikatesse galten. Zwei Dutzend dieser Tiere sind nun von den deutschen Zoologen Dr. Maria Schlug und Dr. Holger Schulz, die am National Wildlife Research Center in Taif in Saudi-Arabien arbeiteten, in diesem Land entdeckt worden. Da diese Vögel nicht beringt waren, konnte es sich nicht um Zooflüchtlinge handeln, sondern nur um echte Wildtiere. Dadurch mußte auch die Annahme revidiert werden, daß die östliche Population des Waldrapps ausgestorben sei: Es muß noch unbekannte Brutkolonien geben.

Nur etwa 160 bis 200 dieser Tiere leben sonst noch in freier Wildbahn in wenigen Kolonien im Nordwesten Afrikas, vor allem Marokko. Eine Gruppe in den Kalksteinwänden von Birecik am Oberlauf des Euphrat in der Türkei galt als die letzte Bastion einer zweiten östlichen Population. Noch 1893 konnte der Brite William Ainsworth in einer Reisenotiz festhalten: „Die Kalksteinwände sind vollgestopft mit grünen Ibissen." In den fünfziger Jahren zogen im Stadtzentrum von Birecik über 500 Paare ihre Jungen groß. Drei groß angelegte Kampagnen zur Ausbringung von Pflanzenschutzmitteln zwischen 1957 und 1960 rafften dann jedoch gnadenlos mehr als zwei Drittel dieser Bestände dahin, bis im Jahre 1980 nur noch sechs Paare in Birecik lebten.

Mit Beginn der achtziger Jahre wurde versucht, den Waldrapp in verschiedenen Zoologischen Gärten zu züchten und den Nachwuchs, sobald er alt genug war, wieder im Freiland anzusiedeln. Die Zookinder zeigten jedoch kein Zugverhalten oder kamen bereits wenige Tage nach der Aussiedelung um. Über 200 Tiere gingen bei solchen Wiedereinbürgerungsversuchen allein in den achtziger Jahren verloren.

Nachdem Dr. Ellen Thaler zusammen mit zwei Mitarbeiterinnen im Alpenzoo Innsbruck eine artgerechte und schonendere Auswilderungsmethode erprobt hatte, die auf die besonderen Verhaltensweisen dieser Vögel Rücksicht nahm, hegte man neue Hoffnungen. Die Zoologin schenkte dabei vor allem der besonderen Familienstruktur der Koloniebrüter Aufmerksamkeit: „Beim Waldrapp besteht eine lang andauernde, enge Eltern-Kind-Beziehung und eine entsprechend intensive, mit der Erkundungsbereitschaft der Jungtiere gekoppelte Führungsperiode." Bei den früheren Aussiedlungsversuchen habe jedoch kein einziges ortserfahrenes Tier die unerfahrenen Jungvögel führen können. Unterstützt von spanischen Naturschutzorganisationen wollen die Wissenschaftler in einem Naturschutzgebiet bei Almeria in Südspanien einen neuen Anlauf machen. Das Vorhaben gehört zu einem Pilotversuch, bei dem menschliche Zieheltern vorübergehend die Führungsrolle übernehmen.

Schlupfreife Eier der Waldrappgruppe des Innsbrucker Alpenzoos wurden bei diesem Pilotversuch im Brutschrank erbrütet und die Jungtiere von Hand aufgezogen. Im Alter von zehn bis 16 Tagen brachte man sie mit zwei ständigen Pflegepersonen zum künftigen Ort ihrer Freilassung, einem Bauernhaus am Rande einer Siedlung in der Nähe von Innsbruck. Der Dachstuhl war entsprechend eingerichtet, indem die Giebelfront für freien Aus- und Einflug geöffnet sowie ein Schlafsims und eine Aufstiegshilfe angebracht worden waren.

Zwischen dem 30. und 40. Lebenstag suchten die heranwachsenden Jungvögel immer häufiger ein der Ausflugsluke vorgelagertes Dach auf, ähnlich wie die wildlebenden Waldrappe die Brutsimse der Horstanlagen. Danach begannen die ersten Flugversuche und ab dem 60. Lebenstag die weitgehende Loslösung vom Horstplatz. Im Alter von fünf Monaten übernachteten sie nur noch bei anhaltendem Schlechtwetter, sonst gelegentlich im Dachboden, wo sie wenigstens einen ihrer menschlichen „Eltern“ vorfanden, zu dem sie dann engen Kontakt hielten. Fremde Menschen wurden nach wie vor nicht beachtet oder gemieden – eine wichtige Voraussetzung für den Erfolg des Pilotversuchs.

Der weiterhin mögliche Kontakt zu den „Eltern“ ahmte die ausgedehnte Führungsperiode nach, wirkte gleichsam als Belohnung Heimkommender, die die Ortsbindung verstärkte. In Spanien, wo kaum menschliche Einflüsse zu erwarten sind, sieht die Zoologin die Voraussetzung für einen auf diesen neuen Erfahrungen aufbauenden Auswilderungsversuch als wesentlich günstiger als in der kaum noch naturbelassenen Alpenlandschaft an, in der im Winter Schneedecken zudem die Nahrungssuche erschweren können.

Natürlich ist sich auch die Zoologin bewußt, daß mit solchen Aktionen das Grundproblem nicht gelöst werden kann, das darin besteht, daß der Lebensraum der Waldrappe eben weitgehend dahingeschwunden ist. „Kurzfristig bleibt jedoch für die Rettung einer unmittelbar vor dem Aussterben stehenden sensiblen Vogelart nur die Möglichkeit, mit den Erkenntnissen aus der Voliérenzucht biologisch und ökologisch sinnvoll in geeigneten Habitaten Auswilderung zu betreiben“, stellt sie dazu fest. Ob der Waldrapp allerdings jemals wieder ohne die Hilfe des Menschen in den Alpen „flügge“ werden kann, steht derzeit noch nicht lesbar in den Sternen geschrieben.

Dr. Wilhelm Irsch

In der Vogelwelt zeigen sich offenbar bereits die Auswirkungen der allmählichen Erwärmung der Erdatmosphäre. Viele Zugvögel ziehen später weg, andere Vogelarten verlassen ihre Brutgebiete erst gar nicht mehr. Es gibt erste Belege dafür, daß sich in Mitteleuropa das Vogelzuggeschehen an die sich verändernde Klimasituation anpaßt:

Treibhauseffekt läßt Vögel seßhaft werden

Das Jahr 1990 galt weltweit als das wärmste seit Beginn der Klimamessungen vor rund einem Jahrhundert. Acht der wärmsten zehn Jahre seit 1900 fallen auf den Zeitraum seit 1980. Die Erde wird, so die Prognosen der Wissenschaft, in nächster Zukunft eine Erwärmung erfahren, die auf menschliche Einflüsse zurückgeführt werden muß. Die zu erwartende Verstärkung des natürlichen Treibhauseffektes der Atmosphäre, der das Leben auf der Erde wohl erst ermöglicht hat, geht vor allem auf den Anstieg des Kohlendioxids zurück, dessen bisheriger Anteil in der Luft rund 0,03 Prozent entspricht. Seit 1900 hat die mittlere Oberflächentemperatur der Erde um etwa 0,5 bis 0,7 Grad Celsius zugenommen. Die Jahresdurchschnittstemperatur ist in Mitteleuropa von 8,9 Grad Celsius in den Jahren von 1901 bis 1944 auf 9,3 Grad Celsius von 1945 bis 1988 angestiegen, wobei die Wärmezunahme besonders die Monate April bis Dezember mit Schwerpunkten in den Herbstmonaten betrifft.

Regelmäßige Zugvogelbeobachtungen, die Vogelkundler am Randecker Maar auf der Schwäbischen Alb mit Unterstützung der Deutschen Ornithologen-Gesellschaft, des Landes Baden-

Württemberg und des Naturschutzbundes Deutschland durchführten, ergaben, daß die meisten Vertreter der Ordnung der Sperlingsvögel später wegziehen. Rund 68 Prozent, 19 der beobachteten Arten, so berichtete Wulf Gatter in einem Fachartikel, ziehen heute wenige, andere bis zu zehn Tage später als vor 14 Jahren in ihr Winterquartier. Bei 14 Arten verläuft diese Veränderung nach und nach. Die Mehrzahl der Kurzstreckenzieher unter den Sperlingsvögeln paßt sich damit dem durch die Klimaveränderung bedingten späten Herbsteintritt an. Von den Jahren 1970 bis 1983 hat sich der klimagebundene Herbstanfang in Norddeutschland um fünf, in Süddeutschland um sechs Tage verspätet.

Für Vogelkundler ist das alles nicht überraschend. Denn das Vogelzugsystem hat sich in mehreren Jahrtausenden seit seiner Entwicklung ständig mit den Gegebenheiten der Umwelt auseinandergesetzt. So resümiert der Ornithologe Professor Peter Berthold seine Beobachtungen an der Vogelwarte Radolfzell des Max-Planck-Instituts für Verhaltensphysiologie: „Die vor rund 15 000 Jahren mit dem Ende der Eiszeit einsetzende Entwicklung zum heutigen Vogelzugsystem in Europa dauert bis in unsere Gegenwart an, und ein Ende dieser Entwicklung ist nicht abzusehen.“ Er fürchtet sogar, daß durch den Menschen ausgelöste Veränderungen der Umwelt, allen voran durch zunehmende Luftverschmutzung bedingte Klimaveränderungen, ein neues Zugverhalten bei den gegenwärtigen Vogelbeständen auslösen könnten.

Beispiele für bis in die Gegenwart andauernde Entwicklungen im Zugverhalten finden sich bei einer ganzen Reihe von Arten: Der Kiebitz (Vanellus vanellus) etwa hat Finnland im wesentlichen erst in diesem Jahrhundert besiedelt und dessen nördliche Landesteile erst Ende der sechziger Jahre erreicht. Der Girlitz (Serinus serinus) ist seit etwa 1800 vom Mittelmeerraum aus ungefähr bis 1925 nach Norddeutschland und bis Ende der sechziger Jahre nach Schweden und Finnland vorgedrungen; er brütet jetzt auch auf den Britischen Inseln. Die Wacholderdrossel (Turdus pilaris) erreichte Ende der vierziger Jahre Grönland, wo sie seither regelmäßig brütet. Auch in Mitteleuropa richten sich gegenwärtig neue Zugvogelarten ein: Vom Südwesten her erreichte der Orpheusspötter (Hippolais polyglotta), ursprünglich ein Südländer, dieses Gebiet als Brutvogel, von Osten her der Karmingimpel (Carpodacus erythinus).

Anpassungen des Zugverhaltens an die Klimaentwicklung zeigen sich besonders rasch bei sogenannten Teilziehern, bei denen Seßhaftigkeit und jährliches Zugverhalten zugleich vorkommen. Erleben zum Beispiel die seßhaften Vögel einer solchen Art beim Überwintern in ihren Brutgebieten einzelne oder gar eine Reihe milder Winter, so werden viele von ihnen überleben und die Heimvorteile ihres Überwinterns nutzen. Sie besetzen dann die besten Reviere, bevor die ziehenden Konkurrenten aus ihrem Winterquartier zurückkehren. Das sichert ihnen einen frühen Brutbeginn und damit auch erhöhte Chancen für Ersatz- und Zweitbruten.

Einzelne oder eine Reihe von strengen Wintern können die Standvögel unter den Teilziehern jedoch sehr stark vermindern, bisweilen praktisch auslöschen, wie die Ornithologen dies zum Beispiel beim Wintergoldhähnchen in Skandinavien beobachtet haben. Dann sind die Zugvögel unter ihnen im Vorteil: Ihnen stehen nach der Rückkehr aus dem Winterquartier viele oder sogar alle Brutreviere zur Verfügung. Sie sind dann auch diejenigen, welche die Art durch ihren Nachwuchs im wesentlichen erhalten, bis die Nichtzieher wieder mehr Vorteile erfahren.

Ein Paradebeispiel für die Anpassungsfähigkeit von Zugvögeln an veränderte Umweltbedingungen verkörpert die Amsel. Noch bis ins 19. Jahrhundert hinein war sie in Mitteleuropa praktisch ausschließlich ein Zugvogel, der zur Brutzeit in den Wäldern lebte und zum Überwintern in den Mittelmeerraum flog. Heute aber ist rund die Hälfte aller Amseln zu Standvögeln geworden, die ganzjährig in ihrem Brutgebiet bleiben. Gründe dafür sind zum einen, daß sich die Umweltbedingungen für die „Schwarzdrossel" deutlich verbessert haben. Rasenflächen in den Siedlungen, Streuobstgürtel in deren Randbereichen bieten ihnen reichlich Nahrung. Dazu kommen ein besseres Klein- oder Mikroklima in den Städten und die Tatsache, daß es die Vögel als typische „Kulturfolger“ durch eine Veränderung ihrer Erbanlagen oder Lernen geschafft haben, ihre Scheu gegenüber dem Menschen abzulegen. „Sollte bei uns eine weitere Erwärmung infolge globaler Klimaänderungen eintreten, könnten unsere Amseln sicherlich Jahresvögel werden, wie es zum Beispiel die Amseln auf den Britischen Inseln bereits sind“, meint denn auch Berthold.

Er rechnet damit, daß ein wärmeres Klima in mitteleuropäischen Breiten die Standvogelarten allgemein stark anwachsen läßt, nicht nur bei den Teilziehern, sondern auch bei den „klassischen“ Zugvögeln. Zudem dürfte der zusätzliche Treibhauseffekt zumindest eine Zeitlang das Pflanzenwachstum fördern, so daß für Vögel, aber auch für andere Tiere, mehr Nahrung zur Verfügung stände, was vor allem im Winterhalbjahr von Bedeutung ist. Der zeitweilige Nahrungsentzug, den die kalte Jahreszeit etwa durch Schneebedeckung mit sich bringt, würde verringert, viele Pflanzengesellschaften wären dann auch ganzjährig verfügbar. Damit stände auch in den ungünstigeren Jahreszeiten mehr Lebensraum mit ausreichender Nahrungsgrundlage zur Verfügung als bisher, und eine große Anzahl Standvögel würde viele neue ökologische Nischen besetzen und sich weit mehr flächendeckend als gegenwärtig ansiedeln können.

Beim Buchfinken hat das Teilzieherverhalten ursprünglich sogar zu seiner Namengebung beigetragen. In Schweden, wo der Systematiker Carl von Linné (1707–1778) lebte, verbleiben im Winter vor allem Buchfinkenmännchen. Wegen dieser „Winterwitwerschaft“ gab ihnen der große Forscher den lateinischen Namen „coelebs“, was auf deutsch nichts anderes als „ehelos“ heißt.

Dr. Wilhelm Irsch

Wäre das Reh nicht geradezu mustergültig anpassungsfähig, würde es in der modernen Kulturlandschaft wohl nicht zurechtkommen. Sogar die Art seines Zusammenlebens mit Artgenossen ist äußerst wandelbar. Je nach den vorherrschenden Umweltbedingungen lebt es in Mutterfamilien, Weibchensippen, offenen Gesellschaften oder auch als Einzelgänger. Dazu kommt, daß diese Tiere Erfahrungen über Nahrungsquellen, Lebensraum und Widersacher weitergeben können:

Das Reh als Lebenskünstler

Als ein „Hans Dampf in allen Gassen" sind Rehe in nahezu allen Wald- und Agrarlandschaften heimisch und beeinflussen ihre Umwelt zudem ihrerseits. Man findet sie zwischen den Dünen von Nord- und Ostsee ebenso wie an der klimatischen Waldgrenze in den Alpen. Da sie vor allem lichthungrige Pflanzenarten auf den Lichtungen äsen, beschleunigen sie in naturnah gebliebenen Wäldern das Aufwachsen des Hochwalds, fördern die Artenvielfalt der Pflanzenwelt und bewegen beachtliche Nährstoffmengen auf nährstoffarme Kuppellagen, wo sie ruhen und ihre Exkremente absetzen.

In einer sich rasch verändernden Umwelt können die Tiere dieser wichtigen ökologischen Rolle als „Schlüsselart" allerdings nicht mehr so richtig entsprechen, meint der deutsche Wildbiologe Dr. Fred Kurt in seinem Buch „Das Reh in der Kulturlandschaft". Denn Rehe verursachen auch ernstzunehmende Schäden am Wald, der durch den Sauren Regen ohnehin schon in Mitleidenschaft gezogen ist. Sie gefährden bedrohte Pflanzen wie Lilien und Orchideen und selbst seltene Tierarten, etwa Schmetterlinge oder Singvögel, sind durch die Rehwildschäden in den Wäldern zusätzlich bedroht. Aber auch die Rehe selbst überleben die Folgen dieser oft dramatischen Umweltschäden nicht unbeschadet: Ihr Körpergewicht und ihre Geweihqualität nehmen ab.

So gut das Reh von Wildbiologen auch erforscht ist, so schwierig ist es doch, seine jeweiligen Bestände richtig abzuschätzen. Selbst in Gattern wie dem 133 Hektar großen und dicht bewaldeten von Stammham in Bayern, in dem der Wildbiologe Dr. Hermann Ellenberg seine Forschungen betrieb, wurde die Anzahl der Rehe immer wieder unterschätzt, bis man diese in den sechziger Jahren nicht mehr wie bisher mit Ohrmarken kennzeichnete, sondern auch noch durch zusätzliche Plastikstreifen besser unterscheidbar machte. So konnten die Forscher nicht mehr nur über die Lebenserwartung, die Wanderungsdistanzen und die altersbedingte Zahn- und Geweihentwicklung Erkenntnisse sammeln, sondern auch über die jeweilige Größe des Lebensraums und die Kontakte mit Artgenossen.

Von April bis Mai legen die stärksten Böcke ihre Reviere fest, markieren sie mit Duftstoffen und verteidigen sie gegenüber Rivalen. Sie tragen jetzt ein gefegtes Geweih, das sie erst im Herbst abwerfen. Zwischen Mai und Juni ziehen sich die Ricken auf ihre sogenannten Sitzplätze zurück und bringen dort ihre Kitze zur Welt. Ende Juni bis Mitte August ist Brunftzeit. Territorialkämpfe, Setzen und Säugen der Kitze sowie Brunft sind sich rasch folgende, energieverzehrende und für die Arterhaltung ausschlaggebende Höhepunkte im Jahr des Rehs, die genau in die Zeitspanne des besten Nahrungsangebots fallen. Die dann reichlich vorhandene Äsung ist besonders eiweißhaltig, zart und leicht verdaulich. Während dieser vier bis fünf Monate können die Tiere vorübergehend große Teile der Landschaft erobern. Motor dieser Ausbreitung ist eine zunehmende Unverträglichkeit zwischen ihnen, die sich vor allem bei den älteren und stärkeren Tieren zeigt.

Ganz anders leben Rehe dagegen zwischen August und April. Dem geringen, eiweißarmen, oft hartfaserigen und folglich schwerverdaulichen Nahrungsangebot begegnen sie mit verschiedenen energiesparenden Maßnahmen wie etwa einem dichten Winterpelz und einer – ebenfalls energiesparenden – großen innerartlichen Verträglichkeit. Kleine Gruppen und Einzelrehe rücken jetzt zu größeren Verbänden zusammen, die gelegentlich sogar mehr als 100 Tiere umfassen können. So bestimmen also Jahreszeit und Pflanzenwuchs darüber mit, ob die Rehe entweder mehr oder weniger duldsame Einzelgänger sind oder fast lammfromme Herdentiere; sie beeinflussen die soziale Organisation mit.

Da diese Wandlungen alle zu „ihrer“ Zeit einsetzen müssen, fragt sich auch, wie diese vorgegeben wird. In der Tat ist es der vom Jahreslauf abhängige Stand der Sonne, der als Stellgröße für eine angeborene innere Uhr der Tiere wirkt und, was Quantität und Qualität der Äsung anbelangt, in der für das Überleben günstigsten Jahreszeit Geweihwechsel sowie Territorial- und Brunftverhalten rechtzeitig „einschaltet“. Eine entsprechende innere Uhr, die ebenfalls vom Sonnenlicht angeregt wird, löst jene Vorgänge aus, die das saisonbedingte Nahrungsangebot auch besonders gut verwerten helfen, so zum Beispiel die Bildung besonders zottenreicher Pansenwände oder auch schlichtweg „nur“ einen gesteigerten Appetit.

Interessante Zusammenhänge konnten die Wildbiologen auch beim „Mutter-Kind-Verhältnis“ aufdecken. Kitze wie Ricken sind bis etwa in der dritten Woche nach dem Setzen in der Lage, fremde Ricken oder fremde Kitze anzunehmen. Zwischen der dritten und fünften Woche nach dem Setzen werden die Jungtiere auf ihre Mütter und diese auf ihre Kitze geprägt – ein Lernvorgang, der nicht mehr rückgängig zu machen ist. Nach dem Ende dieser kritischen Periode kennen sich also Mutter und Kind und verbringen die meiste Zeit zusammen. Jetzt lernt der Nachwuchs andere Rehe und den Jahresbezirk der Mutter kennen, ebenso Äsungspflanzen, Futterstellen, Ruheplätze und Wechsel. Viele Kenntnisse über die Umwelt werden ihnen von der Mutter und anderen erwachsenen Rehen vermittelt.

Was die Ernährung anbelangt, sind Rehe „Traditionalisten“, die sich an eine bestimmte Pflanzenkost gewöhnen und nicht so ohne weiteres bereit sind, dafür eine andere anzunehmen. Dabei haben sie durchaus ihre Vorlieben, wie sich sowohl an einzelnen Tieren als auch an ganzen Gruppen zeigt. Für die ursprünglichen Bewohner von Waldrändern und Lichtungen, die schnell veränderliche Lebensräume darstellen, ist das biologisch auch sinnvoll. Hier ändert sich das Futterangebot sehr rasch, neue Pflanzen mit neuen Düften, anderem Eiweiß- und Stärkegehalt erscheinen und fordern eine rasche Umstellung, ohne daß dadurch der gesamte Bestand gefährdet werden darf.

Das Äsungsangebot verändert sich so aber nicht nur im Jahreslauf, es wird auch von der jeweiligen Kulturlandschaft mitbestimmt, in der die Rehe häufig von den Nutzpflanzen des Menschen leben. Hier treffen die Tiere durch Wachstum, Reifung und Ernten auf rasche und großflächige Wechsel im Nahrungsangebot. Zwiespältiges zum Thema „Rehe und Waldsterben" haben die Wildbiologen aber ebenfalls ermittelt. Zunächst wird das Reh zwar zum Nutznießer dieser Veränderungen, da dort, wo jahrzehntelang Bäume sterben und sich der Wurzelraum lichtet, eine kurzlebige Krautschicht entsteht – die ungewöhnlich vielen Kitzen einen reich gedeckten Tisch bescheren kann. Die so ausgelöste Überbevölkerung führt jedoch früher oder später zu einer weiteren Schädigung des Waldes durch Wildverbiß und zwingt ihn so weiter in die Knie.

Dr. Wilhelm Irsch

Mit Fallen, Gift und Feuerwaffen hat der Mensch einst den Wolf entschieden bekämpft und in vielen Gebieten ausgerottet. Doch nachdem in Deutschland erstmals seit Mitte des letzten Jahrhunderts eine freilebende Wölfin wieder ihre Welpen großziehen konnte, kämpfen Naturschützer und Wildbiologen um so entschlossener dafür, dem rufgeschädigten Wildtier wieder ein Heimatrecht zu geben und die aus dem Osten zuwandernden Tiere vor Verfolgung zu schützen:

Isegrim kehrt zurück

Im Volksmund war der Wolf nicht nur als mutmaßlicher „Rotkäppchenmörder" verrufen, sondern galt auch als eine ständige Gefahr für Haus-, Weidetiere und den Menschen selbst. Lebte Canis lupus, von dem die Wissenschaft inzwischen etwa ein Dutzend Unterarten kennt, die sich oft durch ihre Größe, zuweilen aber auch ihre Farbe unterscheiden, früher auf der gesamten Nordhalbkugel der Erde, so ist er heute in Nordamerika auf Alaska, Kanada und kleine Gebiete in den USA beschränkt. In Asien sind Wölfe nur im südlichen Teil ihres Verbreitungsgebiets, in Indien, Südchina sowie in Teilen Saudi-Arabiens ausgerottet worden.

Auch in Europa sind die Wölfe noch weit verbreitet, obwohl auf den Britischen Inseln, Island und in einigen Ländern Mitteleuropas wie etwa den Benelux-Staaten, der Schweiz, Österreich und Dänemark ausgerottet. Nach Deutschland und Frankreich aber wandert Isegrim gerade wieder zurück, wo er allerdings trotz seines rechtlichen Schutzes nicht selten erlegt wird. So wurden etwa im Mai 1991 innerhalb von 25 Tagen vier junge Wolfsrüden in Brandenburg erschossen, die aus dem polnischen Odergebiet übergewechselt waren.

Dennoch sind Naturschützer, Wildbiologen und Ökologen recht zuversichtlich, da die ökologischen Bedingungen gerade in diesem neuen Bundesland für den Wolf recht günstig sind: Mit 91 Einwohnern pro Quadratmeter weist es nach Mecklenburg-Vorpommern die in Deutschland geringste Bevölkerungsdichte auf. Auf etwa zehn Prozent der Landesfläche leben im Bereich militärischer Übungsgebiete sogar gar keine Menschen; 565 Quadratkilometer bleiben auch künftig einer solchen militärischen Nutzung vorbehalten und damit für Wölfe auch verhältnismäßig „störungsarm". Insgesamt betreut die Brandenburgische Landesanstalt für Großschutzgebiete einen Nationalpark, zwei Biosphärenreservate und vier Naturparke auf 4 062 Quadratkilometer, was weiteren 14 Prozent der Landesfläche entspricht. Neue Naturparke werden überdies geplant, die sich über 6 125 Quadratkilometer erstrecken sollen. Es verwundert also nicht, daß hier eine freie Wölfin erstmals wieder ihre Welpen großzuziehen vermochte. Allerdings darf auch nicht verschwiegen werden, daß in Deutschland seit 1945 23 Wölfe erlegt worden sind.

„Der wichtigste Schritt zum Schutz der Wölfe passiert im Kopf der Menschen – wir müssen lernen, auch im Wolf ein schützenswertes Mitgeschöpf zu sehen. Überwunden werden müssen nicht nur irrationale Ängste, sondern auch die Ausrottungsmentalität, die dem Raubtier Wolf grundsätzlich jedes Lebensrecht abgesprochen hat", gibt Professor Wolfgang Schröder von der Wildbiologischen Gesellschaft München mit Sitz in Oberammergau zu bedenken, die zusammen mit dem Europäischen Wolf-Netzwerk – European Wolf Network – ein Schutzkonzept für Isegrim in Europa erarbeitet. Bisher wurde dem Wolf in erster Linie in Kanada und den USA wissenschaftliche Aufmerksamkeit zuteil; die Erkenntnisse sind aber auf Europa nur begrenzt übertragbar, erläutert Christoph Promberger vom Wolf-Netzwerk: „Auf unserem Kontinent leben Wölfe auch in dichter besiedelten Gebieten Italiens und Spaniens, und wir müssen die ganz spezielle Art des Umgangs mit Wölfen auf unsere Situation zuschneidern." Das europäische „Wolfsreservoir" liegt nach einer Bestandsaufnahme durch die Wildbiologische Gesellschaft in Rußland und anderen Nachfolgestaaten der Sowjetunion, in denen der Wolf mit rund 100 000 Tieren übrigens nicht als gefährdet gilt, während zum Beispiel in Spanien jährlich zwischen 500 und 750 Tiere gesetzeswidrig abgeschossen werden dürften.

So ist denn auch sein Rückzug fast ausnahmslos auf eine solche gnadenlose Wolfshatz zurückzuführen, weil die anpassungsfähigen Raubtiere mitunter Rentiere und Schafe reißen und so mit menschlichen Interessen direkt in Konflikt geraten. Deshalb sehen die Netzwerk-Mitarbeiter, darunter Fachleute aus 19 Ländern, ihre Aufgabe auch in der Verwirklichung einer länderübergreifenden Zusammenarbeit für den Schutz des graubraunen Fleischfressers. Konkret denken die Experten dabei an gemeinsame Schutz- und Forschungsprojekte, die finanzielle Unterstützung von Schutzmaßnahmen und regelmäßige Treffen, in denen das Wissen über die Situation des Wolfes in Europa jeweils ausgetauscht werden kann.

Auf seinen Streifzügen legt der Wolf, der bei der Verfolgung seiner Beute kurzzeitig mehr als 50 Kilometer pro Stunde schnell sein kann, sich sonst aber meist mit etwa „Tempo acht" im lockeren „Wolfstrab" bewegt, oft 20 und mehr Kilometer in einer einzigen Nacht zurück. Um Inzucht und dadurch Unfruchtbarkeit zu vermeiden, müssen sie also über große Entfernungen hinweg miteinander in Verbindung bleiben. Solange die wichtigsten Wanderwege nicht durch Autobahnen unterbrochen werden, können in Mitteleuropa bereits wenige Wanderwölfe dafür sorgen, daß der für die Art überlebenswichtige Austausch von Wolfsgenen gewährleistet ist. Die sogenannte „Wolfsdichte" wird entscheidend vom Nahrungsangebot bestimmt. Sie schwankt zwischen drei und 40 Tieren pro 1 000 Quadratkilometer. Um satt zu werden, braucht ein Wolf täglich etwa zwei bis drei Kilogramm Fleisch, was im Monat etwa einem Hirsch mittlerer Größe oder fünf Rehen entspricht. Aasfresser wie Kolkraben oder Braunbären können ihm ernsthafte Futterkonkurrenten sein: In manchen Gebieten fressen sie einen beträchtlichen Teil der von Wölfen erlegten Beutetiere auf.

Die ausgeprägteste Konkurrenz besteht allerdings zwischen Wolf und Mensch. Sie gilt es ebenso abzubauen wie die unbegründete Angst vor diesem Raubtier. In den letzten 50 Jahren jedenfalls ist auf der ganzen Welt kein einziger Fall nachgewiesen worden, bei dem ein freilebender Wolf einen Menschen getötet hätte. 1977 sind in Polen Pläne zur Ausrottung des

Wolfs aufgegeben worden. Hier hatten sich in den masurischen Sümpfen und im Südosten der polnischen Karpaten gerade noch etwa 100 Tiere halten können. Durch ihren nun in den Sommermonaten wirksamen Schutz haben sie für die Aufzucht ihrer Welpen – drei bis sechs nach 62 bis 64 Tagen Tragzeit – hinreichend Ruhe, was die Bestandszahl wieder ansteigen läßt. So kehrt Isegrim nach und nach auch in seine angestammten Landstriche einschließlich des deutsch-polnischen Grenzgebietes zurück. Gleichzeitig nahm der Bestand an Rothirschen und Wildschweinen rapide zu. Durch dieses überreiche Angebot an Beute hat die Zahl der gerissenen Schafe und Kühe in den vergangenen fünfzehn Jahren ständig abgenommen, obwohl die Bestandszahl der Wölfe in der gleichen Zeit auf das Achtfache angestiegen ist.

Dr. Wilhelm Irsch

Von Kroatien und Slowenien kehrt der Braunbär nun wieder in die Ostalpen zurück. Im Trentino hat eine Handvoll Bären sogar bis heute überlebt. Naturschützer und Wildbiologen wollen Meister Petz diese Wiederbesiedlung erleichtern. Sie setzen sich für die Erhaltung seiner Wanderkorridore ein, die durch Straßenbau gefährdet sind, gründeten einen Fonds zur Abgeltung von Schäden an Haustieren und wollen zudem die Trentiner Bestände verstärken:

Meister Petz erobert die Alpen zurück

Ursprünglich war der fachlich Ursus arctos genannte Braunbär über ganz Eurasien und Nordamerika verbreitet. Seit der Jahrtausendwende wurde aber für die Landwirtschaft immer mehr Wald gerodet, schossen Siedlungen aus dem Boden und gab es zunehmend Weidetiere wie Rinder, Schafe und Ziegen, die damals noch oft in den Wäldern grasten und dabei gelegentlich auch Bären zum Opfer fielen. So wurden die wehrhaften Allesfresser zu Schädlingen gebrandmarkt und rücksichtslos verfolgt. Nur dort, wo der Adel das begehrte Jagdwild vor dem Zorn der Landbevölkerung schützte, konnten sich weiterhin größere Bestände halten, die sich in Europa schließlich in die schwer zugänglichen Waldhänge der Alpen zurückzogen.

In Asien, Kanada und Osteuropa gibt es heute noch Bestände, deren Überleben auch langfristig gesichert scheint. Im übrigen Europa überdauerten dagegen nur wenige dieser Tiere, so etwa in den Kantabrischen Kordilleren Spaniens, im französischen Teil der Pyrenäen und in Italien in den Abruzzen und im Trentino. In Deutschland gar war im 19. Jahrhundert die „Raubwildvernichtung" gesetzliche Pflicht geworden, und für getötete Bären gab es Abschußprämien. Um 1850 machten Pulver und Blei ihre Verfolgung noch leichter, und das als Viehräuber und Honigdieb verrufene größte Raubtier Europas verschwand so nach und nach völlig aus den Alpen. 1835 mußte der letzte deutsche Bär in Ruhpolding sein Leben lassen und endete ausgestopft als Jagdtrophäe in einem Museum. Die Schweizer waren bei der Bärenjagd nicht weniger erfolgreich: Die Eidgenossen erlegten das letzte Tier 1904 im Engadin. 1930 war dann auch Österreich „bärenfrei" – und in den französischen Alpen ist 1937 zum letzten Mal ein Bär gesichtet worden. Nur in Italien blieben einige wenige Alpenbären ungeschoren, die man heute im Trentino zum Beispiel im Naturpark Adamello-Brenta bewundern kann.

Gemeinsam mit der Stiftung Europäisches Naturerbe und dem World Wide Fund for Nature (WWF) wollen Wissenschaftler der Wildbiologischen Gesellschaft München die Braunbären in den Alpen nun wieder heimisch machen, nachdem seit 1920 immer wieder einzelne Tiere von Slowenien her nach Österreich eingewandert sind. Der prominenteste dieser Zuzügler war wohl der „Ötscherbär", der als unternehmungslustiges junges Bärenmännchen 1972 bis nach Niederösterreich zog und in einem Waldgebiet am Ötscher seßhaft wurde. Siebzehn lange Jahre lebte er dort als einsamer Junggeselle, bis ihm der WWF im Sommer 1989 weibliche Gesellschaft verschaffte, die zur Freude aller Fans des Ötscherbären zwei Jahre später mit drei Jungen durch den Wald streifte.

Um in den Ostalpen auf Dauer wieder Fuß fassen zu können, brauchen die Braunbären sichere Wanderwege von Süd nach Nord. Als Einzelgänger durchstreifen sie Gebiete von 30 bis 200 Quadratkilometer Fläche, die sie gegen ihre Artgenossen aber nicht abgrenzen. Allenfalls Kratzspuren an Bäumen dokumentieren ihre Anwesenheit, die signalisieren „Ich war hier!" Im ehemaligen Jugoslawien leben rund 2 000 Bären, ein guter Teil davon in den ausgedehnten Wäldern Südsloweniens und im angrenzenden Kroatien. Von dort aus ziehen dank guter Hege immer wieder Jungtiere auf uralten Bärenwechseln in Richtung Alpen.

Nachdem sich inzwischen in Österreich sowohl die Jägerschaft als auch ein großer Teil der Bevölkerung für die Bären stark macht und sie auch in Slowenien ungestört ihres Weges ziehen können, stehen die Chancen für ihr Comeback recht gut. Voraussetzung dafür ist jedoch, daß die slowenischen Bauern auch entschädigt werden, wenn sich Meister Petz wieder einmal ungeniert an ihren Schafherden zu schaffen macht. Der Münchener Wildbiologe Professor Wolfgang Schröder forderte deshalb die Einrichtung eines internationalen „Bärenfonds", der in solchen Fällen unbürokratisch Schadensersatz leistet.

Während die Bären den östlichen Teil der Alpen von Slowenien aus allein wiederbesiedeln können, hat der kleine Bestand im Trentino ohne fremde Hilfe wohl kaum eine Überlebenschance. Gerade noch eine Handvoll Tiere dürften es noch sein, die heute durch die Wälder der Brenta streifen – ihre genaue Anzahl kennt niemand. Deshalb wollen nun die Münchener Wildbiologen diesen Bestand mit etwa zehn Tieren aus Slowenien und Kroatien verstärken, da – geschätzt – eine halbe Hundertschaft von Bären dort die nächsten 100 Jahre mit etwa 95prozentiger Wahrscheinlichkeit überleben könnte. Zwar wäre für so viele Tiere im Parco Naturale Adamello Brenta kein Platz, doch gibt es auch außerhalb bärentaugliche Waldgebiete, und wanderlustige Jungbären könnten zudem etwa nach Südtirol ausweichen. Aber auch ein Bestand von fünfzig Bären wird seine genetische Vielfalt auf Dauer nicht bewahren können, dazu wäre rund das Zehnfache an Tieren erforderlich.

Deshalb müssen die stark zerstückelten Lebensräume in den weiten, ruhigen Waldgebieten, die oft von Verkehrswegen zerschnitten werden, etwa durch Brücken oder Unterführungen, miteinander vernetzt werden.

Auch in den Westalpen, wo sich bärenfreundliche große Wälder mit reichem Unterwuchs und felsigen Steilhängen ausdehnen, soll dem bis zu 400 Kilogramm schweren Koloß wieder ein Heimatrecht verschafft werden, der zwar keine blutrünstige Bestie, aber auch nicht ein putziger und entsprechend harmloser Teddy ist. Deshalb muß seine Wiederansiedlung in den französischen Alpen auch mit größter Umsicht vorbereitet werden, zumal dort die Bevölkerung dem bis zu zweieinhalb Meter großen, doch meist scheuen Wildtier eher skeptisch gegenübersteht. Nach den Plänen der Wildbiologen könnte eine solche, in Frankreich gegründete Population in allzu ferner Zukunft aber auch mit den sich nach Westen ausbreitenden Brenta-Bären in Verbindung treten. Auch für die Bären hat Europa deshalb wieder eine Zukunft.

Dr. Wilhelm Irsch

GESCHICHTEN, DIE DIE FORSCHUNG SCHREIBT

VORBILD NATUR

Von Ökologie, Biochemie und Gentechnik

In der Pflanzenforschung gesellen sich heute zu den Botanikern alter Schule, denen kein Kraut unbekannt ist, auch biochemisch orientierte Forscher und Pflanzenphysiologen, die das Innenleben der Pflanze analysieren, ohne sie als Ganzes aus dem Blick zu verlieren. Noch einen Schritt weiter geht die Ökophysiologie. Sie stellt die Einflüsse der Umwelt auf die pflanzlichen Funktionen und die Anpassung der Pflanzen an verschiedene Umweltfaktoren in den Mittelpunkt:

Was Ökologie und Biochemie gemeinsam vermögen

Dieser anspruchsvollen Wissenschaft der Ökophysiologie haben sich die Botaniker Otto Ludwig Lange und Ulrich Heber verschrieben. Beide Professoren haben am Julius-von-Sachs-Institut für Biowissenschaften der Universität Würzburg in langjähriger Zusammenarbeit aufgezeigt, wie wichtig das Wechselspiel von Labor- und Freilandarbeit für ein besseres Verständnis ökologischer Zusammenhänge ist.

Was sie trotz unterschiedlicher Arbeitsmethoden schon früh miteinander verband, war ihr Interesse an der Streßabwehr im Pflanzenbereich. Beide wollten erfahren, welche Mechanismen die Pflanzen entwickelt haben, um mit extrem belastenden Situationen fertig zu werden. Denn unter Extrembedingungen wie Hitze, Kälte oder Trockenheit lassen sich grundsätzliche Anpassungsmechanismen der Pflanzen besonders erfolgreich untersuchen, weil jeweils ein Umweltfaktor in seiner Wirkung dominiert und damit ausschlaggebend ist. Aus diesen Ergebnissen lassen sich dann Folgerungen ziehen, die auch unter Normalbedingungen Gültigkeit haben.

Schon seit vielen Jahren beschäftigt sich Lange vorrangig mit den Extremisten unter den Pflanzen: den Flechten, die eigentlich „Doppellebewesen" sind. Als Lebensgemeinschaft von Algen und Pilzen, die voneinander profitieren, können sie die unwirtlichsten Lebensräume besiedeln. Häufig untersuchte

Lange die einzigartige Anpassungsfähigkeit dieser Überlebenskünstler vor Ort: an verschiedenen Wüstenstandorten, zwischen den Eismassen der Antarktis und im Schatten der immergrünen Feuchtwälder Neuseelands. Durch Messungen konnte er zeigen, daß Flechten in der Wüste völlig ohne Regen auskommen können. Etwas Tau oder Nebel und manchmal auch schon erhöhte Luftfeuchtigkeit reichen aus, um ihre Photosyntheseleistung in weniger als einer Stunde gleichsam „von null auf hundert" zu bringen. Durch die starke Sonneneinstrahlung trocknen die Flechten dann schnell wieder aus. Wie tot warten sie oft tagelang auf die nächsten Wassertropfen, die ihre Lebensgeister wieder wecken.

Die beiden Forscher haben diese pflanzlichen Stoffwechselleistungen wie Photosynthese, Atmung und Wasserverdunstung auch direkt am natürlichen Standort gemessen, wofür nicht geringe Probleme zu überwinden waren. Denn dabei tritt die Gefahr auf, daß sich das Innere der Meßküvetten, in denen Flechtenproben – oder einzelne Blätter und Zweige anderer Pflanzen – luftdicht eingeschlossen werden, erwärmt und sich damit die Verhältnisse gegenüber der Umgebung verändern. Dieses meßtechnische Problem kann nur durch eine ausgeklügelte elektronische Klimaregelung erreicht werden, oder die Messungen müssen so schnell erfolgen, daß sie im Innern der Meßkammern kein schädliches „Küvettenklima" aufbauen kann.

Beide Wege werden bei der Entwicklung neuer Meßgeräte verfolgt. Immer wieder haben Lange und seine Mitarbeiter die Techniker bei der Entwicklung neuer Meßgeräte unterstützt. Nicht zuletzt dank der Ratschläge der Würzburger Forscher konnte ein fränkischer Handwerksbetrieb für Meß- und Regeltechnik unter anderem Geräte entwickeln, die diese schwierigen Messungen innerhalb einer Minute ermöglichen. Die neueste Entwicklung aus dieser Zusammenarbeit geht auf eine Idee von Dr. Ulrich Schreiber am Lehrstuhl von Heber zurück. Es handelt sich dabei um ein Fluoreszenzmeßgerät, mit dem sich die photosynthetische Kapazität im Freiland bestimmen läßt, ohne das pflanzliche Gewebe in Küvetten einschließen zu müssen.

Trotz aller Fortschritte reichen die von den beiden Wissenschaftlern im Freiland gemessenen Werte nicht aus, um die Wirkung einzelner Umweltfaktoren auf das Pflanzenleben zu erklären. Denn nur im Labor lassen sich die einzelnen Einflußgrößen auseinanderhalten. Heber ist der Meinung, daß Labor- und Freilandforschung stets kombiniert gefördert werden sollten; nur gemeinsam lasse sich die Ökologie voranbringen. Dabei stellt Heber hohe Anforderungen an die Ökologen: „Ein guter Ökologe muß heute etwas von Mathematik verstehen. Er muß gleichzeitig Physiker, Chemiker und Botaniker sein. Das begreifen viele Ökologen noch nicht." Auch die Molekulargenetik hält bereits Einzug in die Ökologie. Die beiden Würzburger Botaniker sehen in ihr eine Methode, die den Ökologen schon bald neue Einsichten bringen wird.

Als zu Beginn der achtziger Jahre die „neuartigen Waldschäden" immer offensichtlicher wurden, boten sich in Würzburg in Zusammenarbeit mit den Kollegen in Bayreuth und München die besten Voraussetzungen für die Untersuchung dieses Phänomens. Auch in der Waldschadensforschung ging es zunächst darum, die „Patienten" vor Ort zu untersuchen. Dann mußten im Labor die einzelnen Schadwirkungen getrennt analysiert werden, um schließlich im Freiland die Bedeutung dieser Effekte in der Natur zu bestimmen. Durch systematische Arbeit haben die Wissenschaftler seitdem viele Rätsel des Ökosystems Wald entschlüsselt.

Bei der starken Nadelvergilbung, wie sie an Fichten im Fichtelgebirge häufig zu beobachten ist, vermuteten sie zunächst, daß der direkte Einfluß des Schwefeldioxids (SO_2) für die Schäden verantwortlich sei. Doch dann konnten sie im Freiland beobachten, daß die jungen Triebe genau ein Jahr lang grün blieben und erst vergilbten, als im Mai die nächste Generation von Trieben gebildet wurde. Durch Laboranalysen ließ sich zeigen, daß wichtige Nährstoffe von den älteren Nadeljahrgängen in die jungen Nadeln transportiert werden. Lange konnte dies auch beweisen, indem er junge Fichtentriebe abschnitt: Der Transport von Nährstoffen mußte so ausbleiben, und die Nadeln älterer Jahrgänge blieben grün.

Die Bäume leiden also unter Nährstoffmangel und investieren ihr ganzes restliches Kapital in die Zukunft, um wenigstens ihr Überleben zu sichern. Im Fichtelgebirge fehlt ihnen vor allem Magnesium, das sie zum Aufbau des grünen Blattfarbstoffs Chlorophyll benötigen. Aus seinen Versuchen folgerte Lange, daß Veränderungen im Boden wie die Versauerung und das Auswaschen von Nährstoffen für die Waldschäden im Fichtelgebirge verantwortlich sind. Doch das ist noch nicht die ganze Wahrheit, wie Ergebnisse aus dem Labor von Heber zeigen. Denn das Schwefeldioxid wird in den Pflanzen zum größten Teil entgiftet, indem es als Sulfat in den Vakuolen, den Wasserspeichern der Pflanzenzellen, eingelagert wird. Um die negative Ladung des Sulfations auszugleichen, braucht die Pflanze elektrisch positiv geladene Teilchen, wie etwa Ionen der Nährstoffe Kalium und Magnesium. Diese Nährstoffe müssen für diesen Zweck vermehrt aufgenommen werden und stehen deshalb für den übrigen Pflanzenstoffwechsel nur noch begrenzt zur Verfügung. So trägt der Luftschadstoff Schwefeldioxid nicht nur als Bodenversaurer, sondern zusätzlich direkt über die Nadeln zum Nährstoffmangel bei. Auch die pflanzenschädigende Wirkung des Ozons, das als Folge der Autoabgase aus Sauerstoff gebildet wird, konnte in Hebers Labor bestätigt werden. Zur Zeit sind er und seine Mitarbeiter dabei, den Kampf der Pflanzen gegen dieses und andere Umweltgifte aus der Luft unter die Lupe zu nehmen.

Michael Lange

Auch unter Pflanzen gibt es Zu- und Abneigung. So fördern etwa Hafer und Buchweizen ihr Wachstum gegenseitig, während der Walnußbaum keine andere Pflanze neben sich duldet. Diese wechselseitigen Beeinflussungen, von den Botanikern Allelopathien genannt, gehen meist von den Wurzeln aus. Die Pflanzen geben über sie Stoffe ab, mit denen sie sich Freunde schaffen oder auch unliebsame Nachbarn vom Leib halten können:

Von Liebe und Haß im Pflanzenreich

Trotz der offensichtlichen Bedeutung, welche die Allelopathie für jede Pflanzengesellschaft hat, fristet ihre Erforschung in Deutschland noch ein Schattendasein. Zu den Wissenschaftlern, die das ändern wollen, gehört auch die Professorin Heide Schnabl, die am Institut für Landwirtschaftliche Botanik an der Universität Bonn schon viel dazu beigetragen hat, daß das Wissen um die Freundschaften und Feindschaften unter den Pflanzen größer wird. Denn immer mehr Landwirte wollen und müssen ihre Erträge in Zukunft wieder mit der Natur anstatt gegen die Natur erwirtschaften.

Ein besonders großes Arsenal chemischer Wirkstoffe hält die Quecke bereit. Ihre große „allelopathische Kampfkraft“ ermöglicht es dieser Wildpflanze, sich an vielerlei Standorten gegen ihre Konkurrenz durchzusetzen. So wird die Quecke nicht selten zu einem Alptraum für Gärtner und Landwirte. Aber gerade ihre Meisterleistungen im pflanzlichen Überlebenskampf sind es, welche die Quecke für die Allopathieforscher so interessant machen.

Heide Schnabl und ihr Team haben diese Einflußnahme der Quecke auf Kressepflanzen als einfaches Modellsystem näher untersucht. Dazu haben sie Hydrokulturtöpfe, in denen Quecke und Kresse getrennt heranwuchsen, mit Schläuchen verbunden, so daß Gießwasser über die Queckenwurzeln auch die Kresse erreichen konnte. Dabei zeigte sich, daß die Quecken das Wachstum der Kresse über den Wasserstrom zumeist deutlich hemmen, und zwar die jungen Quecken stärker als die al-

ten. Sobald die Quecken jedoch ein Alter von drei Monaten erreicht haben, fördern sie plötzlich das Kressewachstum. Frau Schnabl führt auch diesen positiven Effekt auf allelopathische Wechselwirkungen zurück. Die gleichen Stoffe, die in großen Mengen giftig wirken, könnten in geringerer Dosis, wie sie bei alten Quecken auftritt, die Kresse fördern. Wie in der Medizin macht also auch in der Botanik erst die Dosis das Gift.

Wie chemische Untersuchungen von Queckenextrakten ergaben, scheint besonders eine Phenolverbindung in dieser Hinsicht große Wirkung zu entfalten, deren genaue Struktur aber erst noch weiter aufgeklärt werden muß. Eventuell ließe sich die Substanz dann als natürliches Pflanzenschutzmittel einsetzen. In den Vereinigten Staaten, dem Mekka der Allelopathieforschung, befindet sich ein allelopathisches Pflanzenschutzmittel bereits im Einsatz: das Cineol, ein Wirkstoff, der aus dem Salbei gewonnen wird. Diese Verbindung ist ein starkes Pflanzengift und zugleich gut umweltverträglich. Ähnliche Vorteile könnte auch eine Substanz aus der Quecke bieten, denn die Natur kennt diesen Stoff bereits und hat im Laufe der Fortentwicklung des Lebens Mittel und Wege gefunden, um ihn auch wieder abzubauen. Auch giftige Abbauprodukte, wie sie selbst bei biologisch abbaubaren künstlichen Pflanzenschutzmitteln immer wieder auftreten, stellen deshalb bei Wirkstoffen, die von Pflanzen stammen, kein Problem dar.

Allerdings wäre diese allelopathische Substanz nur eine von vielen. In den USA konnten Wissenschaftler allein aus der Quecke mehr als 80 verschiedene Wirkstoffe isolieren. Um die gesamte Durchsetzungskraft dieser Pflanze zu nutzen, müßte ein Queckensaft mit allen Inhaltsstoffen dieser Wildpflanze auf dem Acker ausgebracht werden. Auch gemahlenes Material ließe sich als Pulver oder Milch einsetzen. Dieses Gemisch würde allerdings Unkräuter und Nutzpflanzen gleichermaßen schädigen. Für den integrierten Pflanzenschutz wäre es aber wichtiger, solche allelopathischen Stoffe zu finden, die nur ganz bestimmte Unkräuter bekämpfen, ohne Nutzpflanzen und Umwelt zu schädigen: Sie müssen nur gefunden und analysiert werden.

Wichtiger als ein direkter Einsatz solcher Wirkstoffe ist für Heide Schnabl jedoch, daß die Allelopathie in Zukunft vermehrt für ein ökologisches Ackermanagement genutzt wird. Indem die Landwirte die Fruchtfolgen gezielt auswählen und nur Pflanzen, die sich gut miteinander vertragen, zusammen anbauen, können sie diese naturgegebenen Freund- und Feindschaftsverhältnisse für sich durchaus schon ausnutzen. Dabei brauchen sie eigentlich gar nicht so sehr neue Forschungsergebnisse abzuwarten, sondern können auf die reichen Erfahrungen ihres Berufsstandes zurückgreifen: Die Bauern früherer Jahrhunderte wußten darüber bereits viel, doch ist anscheinend vieles auch wieder in Vergessenheit geraten.

Michael Lange

Wenn es nach dem Waldspaziergang juckt, hat man wahrscheinlich mit einer blutsaugenden Zecke Bekanntschaft gemacht. Nur mit ziemlich viel Kraft läßt sie sich wieder entfernen, denn sie hat ihren „Rüssel" nicht nur in der Haut festgehakt, sondern obendrein auch noch festgeklebt. Der sogenannte Zement, den die Zecken in ihren Speicheldrüsen bilden, ist nur einer der erstaunlichen Klebstoffe aus der Natur, die auch Vorbild für technische Anwendungen geworden sind:

Spionage im Reich der „Klebewesen"

Welche Rolle Klebstoffe vor allem bei Insekten spielen, dürfte keinem Naturfreund entgangen sein. Wespen beispielsweise stellen das Papier ihrer Nester her, indem sie Holzfasern mit bestimmten Speichelstoffen – Mucopolysacchariden – verkleistern. Solche Stoffe verleihen auch dem Lehm von Schwalbennestern seine Festigkeit. Die Lehmbauten hingegen, in denen die ameisenähnlichen Termiten hausen, werden mit Kot geleimt. In diesen Insektenvölkern gibt es auf Kampf und Abwehr spezialisierte Tiere, die „Soldaten", die – zumindest bei einigen Arten – Klebstoff sogar als Waffe einsetzen. Sie verspritzen ihn aus einer Kopfdrüse und können damit einen Angriff fremder Tiere sozusagen „im Leim ersticken". Für den Beutefang wird Klebstoff nicht nur von vielen Spinnen, sondern auch von einigen fleischfressenden Pflanzen eingesetzt. Der Sonnentau etwa trägt klebrige Tröpfchen auf seinen Blättern.

Wo es sich hier lohnt, der Natur etwas abzuschauen, haben der Diplombiologe Jens Ambsdorf und Professor Martin G. Peter in Kiel und an der Universität Bonn in einer Studie für das schleswig-holsteinische Ministerium für Natur, Umwelt und Landesentwicklung erarbeitet, wobei der Name dieser Arbeit zugleich das Programm war: „Strategie und Techniken des Klebstoffeinsatzes in der Natur – Anregungen für die Technik". Darin geht es also darum, wie man von diesen Naturstoffen technische „Imitate" entwickeln könnte.

Direkt angewandt wurden Naturstoffe praktisch schon immer. Schon vor mehr als 10 000 Jahren haben beispielsweise Jäger die Spitzen ihrer Pfeile mit Baumharz befestigt. Aus Knochen gewonnener Leim ist bereits seit Jahrhunderten bekannt und wird noch heute – etwa beim Geigenbau – verwendet. Ein neueres Beispiel für die Nutzung von Naturstoffen ist das Verkleben von inneren Wunden mit Fibrinogen, einem Stoff, der sonst an der Blutgerinnung beteiligt ist und aus menschlichem Blut gewonnen werden kann. Eine große Anzahl natürlicher Klebstoffe wartet aber immer noch auf technische Nachahmung und Anwendung.

Verblüffende Klebstoffe werden von Seepocken, die zu den Rankenfußkrebsen gehören, und einigen Muscheln hergestellt; sie kleben unter Wasser und auf verdrecktem Untergrund. Austern beispielsweise zementieren eine Schalenhälfte fest an eine Unterlage und bleiben dort lebenslang. Andere Muschelarten heften sich mit elastischen „Byssusfäden" in der Brandungszone von Küsten fest, wie etwa die drei Zentimeter langen Miesmuscheln mit 50 bis 100 solcher Gebilde von durchschnittlich drei Zentimeter Länge. Die Fäden gehen gebündelt vom Muschelkörper aus; sie ragen aus dem Spalt zwischen den

Schalenhälften hervor und laufen einzeln in Haftscheiben aus, die am Untergrund kleben. Die Klebestellen sind derart haltbar, daß einer Muschel, die ihren Standort wechseln will, nichts anderes übrig bleibt, als die Fäden abzustoßen und am neuen „Sitzplatz“ neue zu bilden. Auch die Seepocken, die wie zentimetergroße Vulkankegelchen auf Steinen, Muscheln und Schiffsrümpfen sitzen, verankern sich mit einem Unterwasserklebstoff. Seine Bruchfestigkeit übertrifft moderne Epoxidharze um das Zehnfache.

Welche Zusammensetzung und welche chemischen Reaktionen das Kleben unter Wasser ermöglichen, ist im Muschelklebstoff schon besser als bei den Seepocken erforscht. Für das Anhaften der Haftscheibe an den Untergrund sorgt vor allem ein Eiweißstoff von ungewöhnlichem Aufbau; er enthält die für Proteine seltenen Bauelemente Hydroxyprolin und DOPA. Die Festigkeit des zunächst zähflüssigen Klebstoffs kommt aber erst durch die Einwirkung einer zweiten Komponente zustande: Ein Enzym verändert die Eiweißmoleküle so, daß sie sich untereinander verbinden. Zwischen ihnen sind noch weitere Stoffe eingelagert, deren Funktion noch zu klären ist.

Klebstoffe, die auf vorbehandelten Flächen und im Feuchten anhaften und dabei ohne organische Lösungsmittel auskommen, sind für die Technik sehr begehrenswert. Es könnte versucht werden, Nachahmungen der Muschelproteine chemisch und gentechnisch zu erzeugen. Enzymvermitteltes Aushärten ist ebenso untersuchenswert wie der von Muscheln praktizierte Einschluß der Klebstoffbestandteile in kleine Bläschen, deren Verschmelzung – wie bei einem Mehrkomponentenkleber – erst diese Reaktion einleitet.

Bei einem anderen Naturstoff ist man mit der technischen Nutzung schon weiter vorangeschritten – bei dem im Holz enthaltenen Lignin. Holz verdankt seine erstaunliche Kombination von Biegefestigkeit und Bruchstabilität dem Umstand, daß zugfeste Zellulosefasern in einen „Kleber“ aus Hemizellulose und Lignin eingebettet sind. Lignin fällt als Abfall der Zellstoffgewinnung, beispielsweise in Papierfabriken, in großen Mengen an, wird aber meist nur als Brennstoff genutzt. Inzwischen liegen aber auch Erfahrungen mit ligningebundenen technischen Werkstoffen vor. Am Forschungszentrum Waldökosysteme der Universität Göttingen werden beispielsweise Spanfaserplatten gefertigt, in denen Lignin 80 Prozent der herkömmlichen Bindemittel ersetzt, die durch das gesundheitlich nicht unbedenkliche Ausdünsten von Formaldehyd ins Gerede gekommen sind. Das Lignin wird dazu in den Spanplatten ähnlich wie das Muschelprotein mit Hilfe eines zugesetzten Enzyms vernetzt. Auch bei Sperrholz könnte Lignin künftig vielleicht die üblichen Epoxidharzkleber ersetzen.

Fazit der Studie ist denn auch, daß bei „konventionellen" Klebstoffen trotz des Trends, von Rezepturen mit einem hohen Anteil organischer Lösungsmittel wegzukommen, noch immer eine Vielzahl gesundheitlich bedenklicher und umweltschädlicher Stoffe freigesetzt werden. Klebende Naturstoffe versprechen demgegenüber nicht nur Einsparungen an Lösungsmitteln, sondern auch eine biologische Abbaubarkeit des Klebstoffs. Allerdings kann diese Eigenschaft auch zum Problem werden, wenn die so erzielten Verklebungen auch dauerhaft halten sollen. Hier bietet sich zwar an, den Klebstoffen zum Schutz Biozide – etwa Pilzbekämpfungsmittel – beizumengen; dann aber verlieren die der Natur nachempfundenen Kleber wieder ihre „Öko-Überlegenheit". Als Vorbilder für technische Nachahmungen eignen sich die Naturkleber aber in jedem Fall, ein Aspekt, der in Deutschland noch viel zu wenig beachtet wird.

Rolf Hömke

Aus dem Reich der ersten Organismen, die die Erde besiedelten, stammt auch ein neuer und verblüffender Fund regelrecht magnetischer Bakterien. Diese Eigenschaft, die sie der eigenen „Produktion" von Eisen-Schwefelverbindungen verdanken, könnte sie aber auch für den unter Umweltbelastungen leidenden Menschen sehr interessant machen:

Magnetische Mikroben als „Saubermänner"

Die Geschichte dieser Entdeckung beginnt damit, daß der Mineraloge Dr. Helge Stanjek und der Geophysiker Jörg Faßbinder im Herbst 1991 am Fuß des Hesselbergs in Mittelfranken magnetisches Schwefeleisen nicht nur im Boden fanden, sondern als sogenanntes Greigit auch in seltsamen Mikroorganismen. Ob es sich dabei um Bakterien oder erdgeschichtlich noch ältere Archaeen handelt, ist noch unklar. Allem Anschein nach haben diese Kleinstlebewesen aber die Fähigkeit, Schwefelkristalle aus dem Boden aufzunehmen und mit ausreichend vorhandenem Eisen einen Greigitkristall in ihrem Zellinnern herzustellen. Der wissenschaftlich noch nicht genau bestimmte Mikroorganismus kann sich durch diesen „Stoffwechseltrick" also eine besondere ökologische Nische schaffen, indem er den für andere Lebewesen giftigen Schwefel „entsorgt" und den daraus „gefertigten" Greigit selbst als Energiespeicher nutzt.

Bereits im Frühjahr 1989 haben Faßbinder, Stanjek und der Mineraloge Hojatollah Vali eine Entdeckung gemacht, die damals in der wissenschaftlichen Welt Aufsehen erregte. Auf einer Wiese im Ampertal bei Freising in Oberbayern haben sie Bodenproben aus einem Meter Tiefe geschürft und dann im Labor des Lehrstuhls für Bodenkunde der Technischen Universität München eingehend untersucht. Dabei kamen sie auch auf die Idee, diese Proben in Wasser aufzulösen, einen Magneten darüber zu hängen und dann mit einer Pipette Wasserproben zu entnehmen. Was sie dann unter dem Lichtmikroskop zu sehen bekamen, war äußerst überraschend, da nicht irgendwelche magnetischen Minerale, sondern Bakterien in den „Sog“ des Magneten geraten waren: Faßbinder, Stanjek und Vali hatten erstmals im Boden lebende Magnetbakterien entdeckt. Biologen hatten nämlich bis dahin angenommen, daß „Magnetbakterien“ nur in sauerstoffarmen Seen und in der Tiefsee lebten. So waren etwa auch Professor Roland Süßmuth und Diplombiologe Matthias Oberhack von der Universität Hohenheim Mitte der achtziger Jahre in stehenden Gewässern um Stuttgart und den Nordwestrand der Schwäbischen Alb entsprechend fündig geworden.

Als besondere Lebensform sind diese sogenannten magnetotaktischen, sich gezielt im Erdmagnetfeld bewegenden Bakterien seit 1975 bekannt, als der amerikanische Biologe Richard Blakemore sie in der Tiefsee entdeckte und so beschrieb: Sie besitzen eine kernlose Zelle, eine Erbsubstanz in Form einer Desoxyribonukleinsäurekette (DNA), die frei im Zellinnern liegt, und ernähren sich unter anderem von im Wasser gelösten Eisenverbindungen, die sie im Zellplasma zu Magnetitkristallen (Fe_3O_4) umwandeln. Wegen der eingebauten Magnetitkristalle werden die Bakterien zu lebenden Kompaßnadeln, die sich nach dem erdmagnetischen Feld ausrichten. Die winzigen Organismen nannte Blakemore Aquaspirillum magneticum.

Wegen seiner magnetischen Eigenschaften bewegt sich das „Kompaßbakterium“ in Nord- oder Südrichtung und kann sich so in seinem Lebensraum zielgerichtet orientieren. Dies verleiht ihm, so Faßbinder, gegenüber der Freßkonkurrenz andersgearteter Bakterien einen Vorteil: Durch bloßes Vorwärts- und Rückwärtsschwimmen im Erdmagnetfeld kann es eine nahrungsreiche Zone ansteuern, während seine nicht über ein solches „Sinnesorgan“ verfügenden Verwandten das für sie ideale Milieu mit höherem Energieaufwand ansteuern müssen.

Diese Entdeckung ließ die Münchener Mikrobenjäger nicht ruhen. Sie stellten sich die Frage, warum Pfostenlöcher und kleine Palisadengräben jungsteinzeitlicher Siedlungen durch die sogenannte magnetische Prospektion sichtbar gemacht werden können. Bis dahin wußten die Archäologen aufgrund französischer Forschungsarbeiten aus dem Jahre 1955 nur, daß sich durch Feuereinwirkung im Boden eine erhöhte Magnetisierung entwickelt, weil dadurch das Eisenoxid Maghemit (Fe_2O_3) entsteht, das dann beim Abkühlen durch das Erdmagnetfeld dauerhaft magnetisch wird. Das so mit Maghemit in Brandschutt und an Feuerstellen angereicherte Material führt zu magnetischen Störungen des normalen Feldverlaufs, die mit einem Magnetometer gemessen werden können. Faßbinder wundert sich jedoch darüber, daß so auch die Holzpfosten vorgeschichtlicher Häuser, einen Meter tief im Löß, wo es nie gebrannt hatte, nachgewiesen werden können. Er entnahm deshalb aus 7 500 Jahre alten neusteinzeitlichen Pfostenlöchern Proben und entdeckte, daß sie reines Magnetit enthielten, obwohl dieses Erz, dessen weltweit größte Lagerstätten sich in Nordschweden befinden, in der unmittelbaren Umgebung der Löcher nicht im geringsten nachzuweisen war. Jetzt erinnerte er sich an „seine“ Magnetbakterien aus dem Ampertal, denn was er aus den Pfostenlöchern gekratzt hatte, waren die Jahrtausende alten fossilen Überreste von „Kompaßbakterien“, von denen nur die Magnetitkristalle überdauert hatten. Sie bewirken, daß vorgeschichtliche Palisadenreihen und Abfallgruben magnetisiert und schließlich im Magnetogramm der Archäologen sichtbar gemacht werden können.

Für Faßbinder birgt die Entdeckung magnetischer Bodenbakterien aber auch neuartige Anwendungsmöglichkeiten in sich: Mit gentechnischen Methoden könnten Mikrobiologen und Chemiker die Erbanlagen dieser seltsamen Bakterien metall- und ölfressenden anderen Mikroben einpflanzen und diese dann zum Beispiel schadstoffverseuchtem Klärschlamm beimengen. Durch die Erzeugung eines künstlichen elektromagnetischen Feldes ließen sich dann die mit diesen Schadstoffen „angereicherten“ Bakterien, die wie kleine Entsorger wirken, verhältnismäßig leicht wieder aus dem Klärschlamm entfernen und ihrerseits entsorgen. Ein weiteres Arbeitsfeld wäre der menschliche Körper, wo die Ärzte über ein äußeres Magnetfeld solche magnetisierte Bakterien samt Heilsubstanzen gezielt in bestimmte Zonen des Körpers dirigieren könnten.

Gottlieb Öchsle

Von ihren großen Brüdern in Wald und Feld darf man nicht auf die kleinen schließen. Denn es gibt auch eine ganze Reihe von Mikropilzen, die auf die Jagd gehen. Sie stellen Tieren listenreich Fallen und fressen sie dann auf. Jetzt spricht vieles dafür, daß diese räuberischen Pilze für die biologische Schädlingskontrolle in der Landwirtschaft große Bedeutung gewinnen können:

Selbst Raubpilze können nützlich sein

Über erste Erfolge bei der Bekämpfung von Fadenwürmern oder Nematoden durch den gezielten Einsatz dieser kleinen Räuber konnten Annemarthe Rubner und Anne-Ruth Bernitzky berichten, die sich an der Freien Universität Berlin auf fachlich so genannte „nematophage" Pilze spezialisiert hatten, die Fadenwürmern tödliche Fallen stellen. Von diesen Nematoden kennt man inzwischen um die 10 000 Arten. Sie sind weltweit verbreitet, bewohnen nahezu alle Böden und kommen auch in Salz- oder Süßwasser vor. Einige, so die Trichinen, können sogar dem Menschen überaus gefährlich werden, andere, in der Gruppe der „Älchen" zusammengefaßt, sind gefürchtete Kulturpflanzenschädlinge und Insektenschmarotzer. Auch die auf ihre „Jagd" spezialisierten Pilze sind fast in allen Böden anzutreffen, in denen ihre Beute lebt – vorausgesetzt, diese sind feucht und bieten genügend Nahrung in Form verrotteter pflanzlicher Substanz.

Besonders eindrucksvoll ist die Fallenstellerei des Pilzes Arthrobotrys dactyloides. Er benutzt einen zusammenziehbaren Ring, der von einem der Fäden in den Raum gehalten wird, die das unterirdische Pilzgeflecht, das sogenannte Myzel, bilden. Wenn sich nun Nematoden über das Myzel schlängeln und dabei in einen solchen Ring geraten, werden sie schlagartig festgehalten. Innerhalb einer Zehntelsekunde vergrößert der innen druckempfindliche Ring sein Volumen um das Dreifache und umschließt so den Wurm, der sich nur in den seltensten Fällen wieder befreien kann. Aber auch dann sind seine Überlebenschancen äußerst fragwürdig, da der Pilz bereits unmittelbar nach der Umschlingung damit beginnt, weitere Fäden in das Innere seiner Beute zu treiben. Auch wenn der Fadenwurm den Ring abreißt, hilft ihm das nicht, weil dieses tückische Gebilde weiterhin aktiv bleibt.

Die Fangorgane anderer Mikropilze bestehen aus klebrigen Netzwerken oder Fangknoten. Zwar zuckt der Fadenwurm bei der Berührung mit einem solchen Netzwerk zurück, doch verstrickt er sich dadurch nur noch stärker in seiner Falle. Da die Zellwand dieser Fangnetze Lektine enthält, die als eiweißhaltige Moleküle Bindungen mit den Kohlenhydraten in der Nematodenhaut eingehen, hat der Wurm auch in diesem Fall kaum eine Chance: Seine Oberfläche wird enzymatisch aufgelöst, so daß die Pilzfäden in den Körper eindringen können, um ihn auszusaugen.

Nach wie vor gibt es nur Vermutungen darüber, warum die Pilze überhaupt auf Nematodenjagd gehen – vielleicht führt eine nur auf verrotteten Pflanzen beruhende Ernährung zu Mangelerscheinungen, vielleicht ist aber auch die „Freßkonkurrenz“ durch nichträuberische Pilze zu groß. Denkbar wäre sogar, daß das räuberische Verhalten ein Schutz dagegen ist, selbst gefressen zu werden.

In der Landwirtschaft jedenfalls sind Raubpilze zur Kontrolle der schädlichen Nematoden mittlerweile unentbehrlich. Solange mit dem Stalldung regelmäßig organisches Material in den Boden eingebracht wurde, gediehen die Raubpilze so gut, daß sich die Zahl der Nematoden bis zum Saatbeginn im Frühjahr in annehmbaren Grenzen hielt. Doch die moderne Landwirtschaft verzichtet häufig auf die für die Erholung des Bodens nötige unbestellte Zeit der Brache und verstärkt dafür die künstliche Düngung. Darunter leiden vor allem die Bodenpilze, während sich die Fadenwürmer, begünstigt durch dichte Fruchtfolgen und großflächige Kulturen derselben Nutzpflanzen, massenhaft vermehren und nur durch einen enormen Einsatz von Chemikalien noch unter Kontrolle zu halten sind.

In dem Bemühen, wieder bessere Bodenverhältnisse zu schaffen und die Düngemittel- und Pestizidgaben zu verringern, wird in verschiedenen Laboratorien daran gearbeitet,

Raubpilzkulturen so heranzuzüchten, daß sie als biologische Waffe gezielt gegen Fadenwürmer wirken. In Frankreich zum Beispiel wurden die ersten Präparate bereits in der Champignonzucht und im Tomatenanbau mit gewissem, wenn auch noch nicht durchschlagendem Erfolg eingesetzt.

Dietrich Zimmermann

Naturprodukte wie aus dem Bilderbuch versprechen Gentechniker den staunenden Verbrauchern. Dazu gehören Getreidepflanzen, die Krankheiten widerstehen, Tomaten oder Äpfel, die lange keine „Alterserscheinungen" zeigen, und sogar Bier, dessen Schaumkrone nicht mehr in sich zusammensackt. Da mit Anwendung dieser „High-Tech-Lebensmittel" jedoch auch Gefahren und Risiken verbunden sein können, müssen die Chancen, die hier in der Gentechnologie liegen, besonders verantwortungsbewußt genutzt werden:

Aus der Retorte frisch auf den Tisch

Die Kehrseite der Medaille ist zum Beispiel, daß man diesen Erzeugnissen die Manipulation überhaupt nicht ansehen kann, da einerseits „Frische" von den Verbrauchern stets dann gekauft wird, wenn ihre Vergänglichkeit noch nicht eingesetzt hat, und andererseits viele gentechnische Veränderungen auf ohnehin unsichtbare Eigenschaften abzielen. Sollten deshalb gentechnisch veränderte Nahrungsmittel ohne weitere Sicherheitsprufungen oder Kennzeichnungspflicht auf den Märkten zugelassen werden, könnten vielleicht manche von ihnen auch unbemerkt die Haushalte erreichen.

Denn verändert werden sollen weit weniger Tomaten oder Äpfel, sondern vor allem jene Mikroorganismen, deren Nutzung keineswegs neu ist, sondern bei der Herstellung von Milchprodukten, Käse, Sauergemüse, Bier und Wein sogar althergebracht. Allerdings konnte man bisher oft durch eine

ebenso traditionelle Weiterzüchtung oder eine Verbesserung der Produktionsverfahren auf so manchen Eingriff in das Erbgut dieser Kleinstlebewesen verzichten.

Wenn es dabei um Pflanzen geht, ist heute zwischen den Verfahren der Zellkulturtechnik und der Gentechnik zu unterscheiden. Das erstgenannte nutzt dabei die Tatsache aus, daß selbst kleine pflanzliche Gewebeteile auf geeigneten Nährböden wieder zu vollständigen Pflanzen heranwachsen können, sogar dann, wenn man verschiedene Gewebeteile miteinander vermengt. Das vielleicht bekannteste Beispiel dieser Technik ist die Tomoffel, eine Mischung aus Tomate und Kartoffel. Die Gentechnik, bei der man Erbgut einer Pflanze in das einer anderen einschleust und so durch neue Eigenschaften wie etwa die Widerstandsfähigkeit gegen bestimmte Schädlinge oder auch Unkrautbekämpfungsmittel (Herbizide) ergänzt, ist der andere Weg. Durch eine so erzeugte Widerstandsfähigkeit gegen – ungezielt eingesetzte – Herbizide könnte der in Deutschland gegenwärtig noch enorme Bedarf von jährlich rund 20 000 Tonnen dieser Mittel drastisch gesenkt werden.

Aber auch im Bereich der hilfreichen Mikroben und Zusatzstoffe bietet sich der Gentechnik ein zunehmend größer werdendes Einsatzgebiet, da eine große Anzahl unterschiedlichster Produkte über den Stoffwechsel von Mikroorganismen gewonnen wird: Antibiotika, Essigsäure, Enzyme, Farbstoffe oder Alkohol. Daß die Arbeiten in geschlossenen Anlagen, wie Fermentern oder Kultivierungslabors, durchgeführt werden, ist besonders vorteilhaft; zumindest vorübergehend ist so die Trennung von Umwelt und gentechnisch veränderten Kleinstlebewesen garantiert. Entsprechend wird die Gentechnik in den nächsten Jahren ein fester Bestandteil der Lebensmittelproduktion und -verarbeitung werden und damit eine Strukturänderung nach sich ziehen.

Daß Lebewesen durch die Übertragung einzelner fremder Erbanlagen mit „erwünschten“ Eigenschaften ausgestattet werden können, macht aber auch deutlich, wie wichtig ein verantwortungsbewußter Umgang mit der Gentechnik ist, um mögliche Fehlentwicklungen rechtzeitig zu erkennen und auszuschalten. Trotzdem wird niemals genau vorhersehbar sein, welche Folgen eine gezielte – und erst recht eine ungezielte – Freisetzung gentechnisch veränderter Organismen nach sich ziehen kann. Dabei geht es nicht nur darum, deren Lebensfähigkeit sicherzustellen, sondern auch um die Einschätzung, wie weit diese „neuen" Lebewesen das Gleichgewicht des Lebens in ihrer Umwelt beeinträchtigen können.

Mit der Frage nach den Risiken der Nutzung des gentechnischen Repertoires verbindet sich zunächst einmal die, welche der so veränderten Lebensmittel überhaupt auf dem Teller des Verbrauchers landen können. Dazu zählen Fleisch oder Fischfilets von Tieren, die mit fremden Hormonen für ein schnelleres Wachstum bei besserer Futterausbeute „ausgestattet" wurden, Gemüse oder Körner von Pflanzen, die herbizid-resistent gemacht wurden, oder Früchte, deren verändertes Erbgut nun dafür sorgt, daß sie nicht mehr so schnell weich und matschig werden. Das alles entspricht zwar durchaus positiven Zielsetzungen, doch zeigt sich das Risiko dabei darin, daß sich bei der Herstellung dieser Nahrungsmittel die Freisetzung der dafür eingesetzten „gentechnischen Faktoren" so gut wie nie vermeiden lassen dürfte. So können zum Beispiel in ihren Erbanlagen veränderte Mikroorganismen auch aus geschlossenen Anlagen entkommen – mit dem Abwasser, der Abluft oder dem Abfall. Außerdem besteht das ständige Risiko, daß die veränderten Organismen neben den gewünschten auch andere Stoffwechselwege einschlagen, die eines Tages vielleicht nicht mehr zu kontrollieren sind. Wie bei jeder neuen Technik müssen deshalb auch bei der Gentechnologie Chancen und Risiken sorgfältig abgewogen werden, um eventuelle Gefahren von vornherein zu erkennen und einzugrenzen.

Bettina Reckter

Auch vor der Deutschen Lieblingsknolle macht die Gentechnik nicht halt, wobei nicht zuletzt auch eine Rolle spielt, daß die Kartoffel nicht nur als Nahrungsmittel, sondern auch als Rohstofflieferant für die chemische Industrie genutzt werden kann. Es liegt auf der Hand, daß diese „Veredelungsbemühungen" auch ein altbekanntes Sprichwort völlig hinfällig machen:

Die dicksten Kartoffeln für die klügsten Bauern

Mitte des 16. Jahrhunderts brachten die Spanier die ersten Kartoffelpflanzen von Südamerika nach Europa. Das Nachtschattengewächs mußte sich erst an die in europäischen Breiten langen, im Vergleich zu den in Äquatornähe kurzen, Sommertage gewöhnen. Unterstützt durch die Auslese der Menschen dauerte es fast 200 Jahre, bis die Kartoffel auch unter diesen neuen Bedingungen ausreichend große Knollen ausbildete. Um den Kartoffelanbau noch ertragreicher zu machen, wollen die Forscher heute aber nicht mehr nur auf den langwierigen Prozeß von Kreuzung und Auslese vertrauen, sondern dafür die Gentechnik einsetzen. Entsprechende Pläne verfolgt beispielsweise das Institut für Genbiologische Forschung Berlin (IGF), zu denen auch die Austestung gentechnisch veränderter Kartoffeln in einem Freilandversuch gehört.

Daß sich die Agrarwissenschaftler bei der Kartoffelzüchtung nicht nur auf das klassische Verfahren beschränken wollen, hat seinen Grund. Die Kulturkartoffel besitzt, anders als der Mensch mit zwei Chromosomensätzen, gleich vier Kopien der Gesamtheit ihrer Erbanlagen. Die Veränderung eines Gens, also einer einzigen Erbanlage, die als sogenannte Mutation die Grundlage der Züchtung ist, bleibt bei der Kartoffel meist folgenlos, da es dann zudem noch drei unveränderte Kopien gibt, die diese Mutation einfach überdecken können. Erst wenn man mühsam durch Inzucht Pflanzen erzeugt, die vier gleiche Sätze an Erbinformation aufweisen, kann sich eine Mutation auch ausprägen. Die Gentechnik soll nun genau diesen Vorgang beschleunigen.

Ziel dieser Arbeiten ist es, in den Stoffwechsel der Knollenpflanze verändernd einzugreifen, bei dem – wie bei anderen Pflanzen auch – über die Ausnutzung der Energie des Sonnenlichts, die Photosynthese, in den Blättern aus Kohlendioxid und Wasser zunächst Zucker gebildet wird, und zwar in erster Linie Traubenzucker (Glukose) und Fruchtzucker (Fructose). Ist der Energiebedarf in den Blättern selbst gedeckt, so wird bei der Kartoffel überschüssiger Zucker in die Knollen transportiert, die an den unterirdischen Ausläufern der Pflanze entstehen. Diese Knollen sollen als Speicherorgane der im Folgejahr daraus wachsenden Pflanze ein „Startkapital" vermitteln.

Nun können die in den Blättern gebildeten Trauben- und Fruchtzuckermoleküle in dieser Form aber nicht durch die Pflanze transportiert werden, da sie dort als begehrte Energielieferanten überall vielfältigen biochemischen Angriffen erliegen würden. Deshalb werden sie in eine weit weniger gut „zugängliche" Substanz umgewandelt. Dazu verknüpfen sich jeweils ein Trauben- und ein Fruchtzuckermolekül zu einem Molekül des auch Saccharose genannten Rohrzuckers. Erst wenn dieser sicher an seinem Bestimmungsort angelangt ist, wird er durch sein spaltendes Enzym, die Invertase, wieder in seine Ausgangssubstanzen zerlegt. Die Glukose kann dann als Baustein der Stärke, der pflanzlichen „Reserveform" der Kohlenhydrate, genutzt werden, die erst in den Knollen gebildet wird.

Genau an dieser Invertase soll nun die genetische Manipulation angesetzt werden. Sitzt sie in den Wänden der Knollenzellen, kann sie die Einlagerung energiereicher Verbindungen in das Speicherorgan verbessern. Mit dieser Zielsetzung wurde ein Gen der Bäckerhefe in eine Kartoffelpflanze eingeschleust. Um sicherzustellen, daß es nur in den Knollen seine Wirkung entfaltet, wurde es mit einem Steuerelement aus einer kartoffeleigenen Erbanlage versehen. Ein solcher „Promotor" sorgt normalerweise dafür, daß das Gen, das für die Bildung des nur in den Knollen produzierten Speichereiweißes Patatin verantwortlich ist, abgelesen und biochemisch in die „Tat" umgesetzt werden kann. Zusätzlich wurde an das Hefegen noch eine sogenannte Signalsequenz angehängt, deren Genprodukt den Transport der Invertase zu den Zellwänden bewirkt.

In Gewächshausversuchen gelang es der IGF-Arbeitsgruppe um Professor Lothar Willmitzer mit dieser Technik, einzelne Knollen um das Drei- bis Fünffache zu vergrößern, während sich gleichzeitig allerdings die Knollenzahl pro Pflanze verringerte. Insgesamt konnte so aber immer noch der Ertrag um zehn bis 30 Prozent gesteigert werden. Der besondere Vorteil liegt darin, daß diese größeren Knollen auch leichter zu ernten sind. In dem gemeinsam mit einem Saatzuchtunternehmen aus Einbeck durchgeführten Freilandversuch wird sich zeigen, wie weit sich diese Forschungsergebnisse bestätigen lassen. Die mit diesem Experiment verbundenen ökologischen Risiken werden dabei als gering veranschlagt. So verhindern 20 Meter Sicherheitsabstand zum nächsten Kartoffelfeld einen Gentransfer durch Pollenflug. Auch das Gedeihen überlebensfähiger Samen halten die Forscher für unwahrscheinlich, da die Pflanzen vor dem Abreifen abgeerntet und dann verbrannt werden.

Gleichzeitig soll neben den großknolligen Kartoffeln eine weitere gentechnisch veränderte „Linie“ im Feldversuch ausgetestet werden, die als Rohstoffquelle Bedeutung erlangen könnte. Hintergrund ist, daß pflanzliche Stärke normalerweise zu 80 Prozent aus Amylopektin und zu 20 Prozent aus Amylose besteht, man mit dieser neuen „Linie“ aber eine Kartoffelpflanze erzeugen will, deren Stärke nur noch aus Amylopektin besteht, für das es einen besonderen industriellen Bedarf gibt. Das Gen, das für die Synthese der Amylose zuständig ist, muß dafür also „abgeschaltet“ werden. Der technische Aufwand zur Trennung beider Stärkesorten würde dann entfallen. Amylopektin kann als nachwachsender Rohstoff bei der Papierherstellung, in der Textilweberei, aber auch als Flockungsmittel bei der Abwasserreinigung eingesetzt werden. Erweisen sich die Freilandversuche als erfolgreich, ernten in diesem Falle vielleicht einmal nicht die sprichwörtlich dümmsten Bauern die dicksten Kartoffeln.

Jörg Brandes

GESCHICHTEN, DIE DIE FORSCHUNG SCHREIBT

UMSICHT(EN) FÜR DIE UMWELT

Von Umweltanalysen, Prognosen und Visionen

Die Versauerung von Süßwassersystemen stellt weltweit eines der schwerwiegendsten Probleme dar. In großen Teilen Europas und des östlichen Nordamerika sind Tausende von Seen, Flüssen und Bächen bereits schwer geschädigt. Zunehmend sind auch die Binnengewässer in der Dritten Welt betroffen. Was die Wälder sterben läßt, macht auch die Seen sauer, in denen es dann zu einer dramatischen Veränderung der Lebensgemeinschaften kommt:

Zuerst verschwinden die Fische

Die Versauerung eines Gewässers bahnt sich allmählich ihren Weg. Manchmal tritt sie auch schlagartig ein, fast von heute auf morgen – mit sämtlichen Symptomen. Der Vorgang läßt sich verlangsamen, aber nicht aufhalten. Eine tatsächliche „Heilung“, so sagen Experten heute, gibt es nicht, doch dem Leiden folgt meist nicht, wie die Ökologen bisher glaubten, der „Tod“ des Gewässers, sondern eine tiefgreifende Umschichtung seiner Bewohner aus dem Tier- und Pflanzenreich.

„Zuerst verschwinden die obersten Konsumenten der Nahrungskette, die Fische“, erläuterte Dr. Christian Steinberg während einer Dahlem-Konferenz der Freien Universität Berlin zu diesem Thema den Stand der Dinge so, wie er im Institut für ökologische Chemie des GSF-Forschungszentrums für Umwelt und Gesundheit in Neuherberg bei München gesehen wird. „Sind die Fische weg, beginnen Wirbellose die Nahrungskette zu beherrschen.“ Insektenlarven, allen voran die Büschelmückenlarve, werden die vorherrschenden Räuber im versauernden Gewässer. Doch solche sogenannten Räuber-Beute-Beziehungen sind oft „störungsanfällig“ und sorgen meist auch nicht für ein neues ökologisches Gleichgewicht. „Die Larven können das System nicht so gut unter Kontrolle halten wie die Fische“, berichtete Steinberg. Einige Algen und Pflanzenfresser vermehren sich maßlos, viele Arten sterben ab. Das Leben im See wird so „primitivisiert“, wird weniger vielfältig und gerät im schlimmsten der Fälle sogar ganz aus den Fugen.

Hauptverursacher der Versauerung sind die Schwefeloxide, die bei der Verbrennung fossiler Energieträger freigesetzt werden, und Stickoxide, die hauptsächlich aus dem Kraftfahrzeugverkehr stammen. Ihre Umsetzungsprodukte, die Schwefel- und die Salpetersäure, bringen Gewässer aus dem Gleichgewicht. Einen dritten Faktor stellt die industrielle Landwirtschaft mit ihrer Massentierhaltung dar. Die dabei anfallende Gülle sorgt örtlich für außerordentlich hohe Ammoniakemissionen. Während es die Industrienationen geschafft haben, durch verbesserte Luftreinhaltetechniken und härtere Auflagen ihren Schwefeldioxidausstoß drastisch zu senken, klettern die Zahlen der Stickoxidemissionen weltweit noch beharrlich nach oben. In den alten Bundesländern zum Beispiel wurden noch Mitte der siebziger Jahre 3,2 Millionen Tonnen Schwefel pro Jahr in die Luft geblasen. Heute sind es dort nur noch 1,5 Millionen Tonnen. Umgekehrt verlief die Entwicklung bei den Stickoxiden. Statt zwei Millionen Tonnen sind es gegenwärtig über drei Millionen – mit steigender Tendenz.

Darüber, wie die Versauerung eines Sees genau abläuft und welche Faktoren dabei entweder „synergetisch", einander verstärkend, oder „antagonistisch", also abschwächend, ineinandergreifen, weiß die ökologische Grundlagenforschung einiges, doch bei vielen Fragen, gerade zu den Wirkungszusammenhängen, muß sie noch passen. „Wenn in einen kalkfreien Boden Säure eindringt", erläuterte Steinberg, „kommt es darin zu Schutzreaktionen. Aluminiumhaltige Mineralien lösen sich und neutralisieren die Säure." Doch was dem Boden nutzt, stellt sich im größeren ökosystemaren Zusammenhang als fatal heraus. So ist es nach Professor Helmut Segner mit ein Fazit von Forschungen an der Universität Karlsruhe, „daß es das anorganische Aluminium ist, welches den Fischen den Garaus macht."

Denn dieses Leichtmetall wird aus dem Boden ausgeschwemmt und gelangt in die Gewässer. Gleich zweifach greift es dort den Fischbestand an. Zum einen schlägt es sich auf den Kiemen nieder und läßt die Tiere ersticken. Farbaufnahmen zeigen, wie sich die hellroten, gut durchbluteten Kiemenhäutchen des Fisches bei plötzlichen Aluminiumschüben innerhalb von 48 Stunden mit einem undurchdringlichen schwarzen Film überziehen. Die zweite Schadwirkung des Aluminiums trifft den Süßwasserfisch an einer ebenso empfindlichen Stelle. Im Gegensatz zu den Meeresfischen herrscht in seinem Körper eine Salzkonzentration vor, die höher als die seiner Umgebung ist. Dieses Gefälle aufrechtzuerhalten, ist für ihn überlebenswichtig. „Kalzium hält die Kiemen dicht“, erläutert dazu Professor Segner. Weil das Aluminium aber mit Kalzium reagiert, kann das Tier seinen Salzhaushalt nicht mehr regeln. Es verliert Salze und verendet daran innerhalb kürzester Zeit.

Mittel- und nordeuropäische Ökosysteme reagieren auf Säureemissionen unterschiedlich. Grund sind die verschiedenen Bodenstrukturen. Die tiefgründigen, nährstoffreichen Böden Mitteleuropas werden nur langsam vom Wasser durchzogen und besitzen ebenso wie die Binnengewässer eine hohe Kapazität, Säurebelastungsstöße sozusagen abzupuffern. Umgekehrt verhält sich das aber in höheren Breiten: Flachgründige Böden und entsprechend nährstoffarme Seen mit geringer Pufferkapazität reagieren sehr plötzlich und sehr empfindlich auf ein Mehr an Säure.

Mager wird es mit dem Wissen um ökologische Zusammenhänge, wenn es um die Tropen geht. Böden spielen hier kaum eine Rolle. Fast alle Stoffumsetzungen finden über dem Erdboden, im Blatt- und Strauchwerk, statt. Eine unbekannte Größe wird nach Steinberg in Zukunft auch die drohende Erwärmung der Erdatmosphäre sein. Denn in den Nieder- und Hochmooren nördlicher Gebiete sind große Schwefelvorkommen unter Luftabschluß gespeichert: „Wenn das Treibhausklima wirklich kommt, werden sie austrocknen. Das wird zu immensen Versauerungsschüben führen“.

Der internationale Teilnehmerkreis der Konferenz formulierte sein Fazit denn auch als Aufruf, die Emission aller Säurebildner, vor allem aber der Stickoxide rasch und deutlich herabzusetzen. „Wir haben keine Zeit“, sagte ein norwegischer Forscher, „20 oder 30 Jahre auf internationale Abkommen zu warten.“ Trotz aller Bedenken empfahl Steinberg auch die lokale Kalkung von Seen, obwohl auch so einigen Seen im Bayerischen Wald nicht mehr zu helfen sein wird. „Wir sollten sie als Mahnmale der Versauerung stehenlassen." Professor Segner allerdings wußte wenigstens einen kleinen Trost: Ganz wehrlos gegen Säure sind Fische nicht. Wie auch immer sie es tun, sie „riechen" Ströme von saurem Wasser und weichen ihnen aus. Außerdem können manche Arten im Notfall neutralisierende Substanzen ausstoßen oder sich mit einer schützenden Schleimschicht überziehen.

Susanne Billig

Wenn aus den Worten „Waldsterben" und „Waldschadenserhebung" inzwischen auch „Waldschäden neuer Art" und „Waldzustandsbericht" geworden sind, so können diese Entschärfungen doch nicht darüber hinwegtäuschen, daß es um den deutschen Wald noch immer schlecht bestellt ist. Auch ein Rückblick auf zehn Jahre Waldschadensforschung läßt keine anderen Schlüsse zu:

Wächst der deutsche Wald sich krank?

1981 erschreckten erstmals Bilder und Berichte vom „Waldsterben" die Öffentlichkeit, und kurz darauf geisterten nicht weniger als 60 verschiedene wissenschaftliche Vermutungen über die möglichen Ursachen der Baumschäden durch das Land. Extreme Klimaereignisse, Schädlinge, falsche Forstbewirtschaftung, radioaktive Strahlung und noch vieles andere mehr waren Gegenstände dieser Spekulationen. Nicht zuletzt dem Forschungsbeirat Waldschäden/Luftverunreinigungen (FBW) des Bundes und der Länder ist es zu verdanken, daß Licht in dieses Dunkel kam. Aufgabe dieses Expertengremiums ist es, über Kenntnisstand und Wissenslücken der Waldschadensforschung zu berichten und so die weitere Forschung zu lenken. Demnach gilt gegenwärtig zumindest die eine Tatsache als gesichert, daß großräumig auftretende Schäden mehr als nur eine einzige Ursache haben. In jedem Waldgebiet können natürliche und vom Menschen verursachte Faktoren unterschiedlich zusammenwirken, wobei Luftschadstoffe eine entscheidende Rolle spielen.

Dabei sind es aber weniger die direkten Auswirkungen dieser Schadgase wie etwa des Schwefeldioxids (SO_2) oder des aus drei Sauerstoffatomen zusammengesetzten Ozons (O_3), die die Gesundheit der Bäume beeinträchtigen. Ein direkter Effekt von Ozon auf Nadelbäume zum Beispiel konnte auch in aufwendigen Freilandversuchen nicht nachgewiesen werden. Allerdings wurde ein „Ozongedächtnis" der Nadelbäume festgestellt, da sich Nadeln, die hohen Konzentrationen dieses Gases ausgesetzt waren, ein Jahr später als besonders ozonempfindlich erwiesen und schneller als andere vergilbten.

In den letzten Jahren ist zunehmend ein chemisches Element für die Waldschäden verantwortlich gemacht worden, das für die Ernährung von Pflanzen eigentlich unerläßlich ist: der Stickstoff (N). Im Überschuß führt er in der Form des Stickstoff-Verbindungsbruchstücks Nitrat (NO_3^-) gemeinsam mit dem „Bruchstück" Sulfat (SO_4^{2-}) der Schwefelsalze und der Schwefelsäure zur Versauerung des Bodens. Dadurch werden im Erdreich wiederum elektrisch geladene und chemisch gleichsam „reaktivierte" Atome (Ionen) giftiger Schwermetalle und des Leichtmetalls Aluminium aus bisher stabilen chemischen Verbindungen freigesetzt, durch die die Pflanzenwurzeln geschädigt werden. Wegen des dann nicht mehr voll funktionstüchtigen Wurzelwerks werden die Bäume schlechter mit Wasser und Mineralsalzen versorgt und deshalb gegen Trockenheit und Nährstoffmangel anfälliger, wozu kommt, daß sie die geschädigten Wurzeln auch gegen Stürme anfälliger machen. Fatal wirkt sich dabei die durch diese Vorgänge bewirkte allmähliche Anreicherung von Säuren im Boden aus.

Wegen dieser Ansammlung schädlicher Einwirkungen, die „kumulativer Effekt" genannt wird, lassen sich auch keine schnellen Erfolge bei der Bekämpfung von Waldschäden erreichen, gibt Professor Ernst-Detlef Schulze zu bedenken, der sich am Institut für Pflanzenökologie der Universität Bayreuth mit dieser Problematik befaßt hat. Galten vor einiger Zeit die Stickoxide – besonders aus dem Straßenverkehr – als Hauptursache der auf Stickstoff rückführbaren Waldschäden, so ist in letzter Zeit ein bisher eher vernachlässigtes Molekülbruchstück in den Blickpunkt geraten; das elektrisch einfach positiv geladene Ammonium (NH_4^+). Die Ablagerung von Ammonium-Stickstoff, der hauptsächlich aus landwirtschaftlichen Quellen stammt, überschreitet jene von Nitrat-Stickstoff um mehr als 50 Prozent. Die übermäßigen Einträge des Nährstoffs, an dem es den Waldökosystemen früher eher mangelte, wirken sich für die Bäume ungünstig aus. Auch sie müssen auf eine ausgewogene Diät achten. Zwar wachsen sie zum Teil sogar besser als früher, doch können sie dabei andere lebenswichtige Nährelemente nicht mehr in ausreichender Menge aufnehmen; denn auch für Bäume gilt, daß übermäßiges Wachstum nicht mit Gesundheit gleichgesetzt werden darf.

Besonders kritisch ist die Situation beim Ammonium. Bei der Nährstoffaufnahme müssen sich elektrisch positiv und negativ geladene Ionen die Waage halten. Während die lebenswichtigen Elemente Phosphor und Schwefel als Phosphat- und Sulfationen in elektrisch negativ geladener Form zugeführt werden, nehmen Pflanzen Kalium, Magnesium und Kalzium als elektrisch positiv geladene Ionen auf. Normalerweise decken sie außerdem ihren Stickstoffbedarf durch die Aufnahme des negativ geladenen Nitrats, das erst in das positiv geladene Ammonium umgewandelt werden muß, bevor es für das Wachstum von Nutzen sein kann. Für die Pflanze ist es also energetisch günstiger, Ammonium direkt als Stickstoffquelle zu nutzen. Wird aber zuviel von diesem Ion zugeführt, gerät der Stoffwechsel durcheinander. Um einen elektrischen Ladungsausgleich zu erzielen, werden nun entweder zu viele elektrisch positiv oder elektrisch negativ geladene Ionen aufgenommen. Beides führt zu einem Nährstoffungleichgewicht, das auch der Mensch bisher nicht wieder „einzurichten“ vermochte. Während man versucht, die Stickstofffreisetzungen aus dem Verkehr durch Katalysatoren in den Griff zu bekommen, blieb man beim Ammonium-Problem bisher politisch untätig. Wie der Bayreuther Pflanzenökologe anregt, sollte man hier bei den Hauptverursachern der Ammoniumbelastung ansetzen und deren Betriebe der Großtierhaltung mit Abluftfiltern ausstatten.

Ein weiteres Problem hat Professor Karl Kreutzer am Institut für Bodenkunde der Universität München untersucht. Er verweist darauf, daß die Bäume wegen ihrer insgesamt großen Blattoberfläche erhebliche Schadstoffmengen aus der Luft filtern können. Gelangt zuviel Stickstoff in das Ökosystem, werden die Wälder so zu regelrechten „Stickstofftransformatoren", die das Element in schädlicher Form an ihre Umwelt abgeben. Überschüssiges Nitrat gelangt dabei entweder direkt in das Grundwasser oder wird von Bakterien umgesetzt oder „denitrifiziert". Dabei entstehen große Mengen Lachgas (N_2O) und Stickstoffmonoxid (NO). Das Lachgas trägt zum Treibhauseffekt bei und ist in der Hochatmosphäre am Ozonabbau beteiligt, während das Stickstoffmonoxid in der unteren Atmosphäre für eine übermäßige Bildung von Ozon, den Sommersmog, verantwortlich sein soll. Da das Ozon in der Hochatmosphäre die Erde vor einer übermäßigen Belastung durch den ultravioletten und schädlichen Anteil des Sonnenlichts schützt, in der Umgebungsluft aber auch auf Menschen, Tiere und Pflanzen als Reizgas wirkt, ist dieser Effekt gleich zweifach umweltschädlich.

Zwar kann auch bei dieser Bestandsaufnahme noch nicht die Rede davon sein, daß es in naher Zukunft zu einem völligen Verschwinden der heimischen Wälder kommen könnte. Werden die Schadstofffreisetzungen aber nicht drastisch vermindert, werden die Forstverwaltungen zu immer höheren Aufwendungen gezwungen sein. Darunter fällt auch der Einsatz von Schädlingsbekämpfungsmitteln, die bisher nicht zum Standardrepertoire der Forstwirtschaft gehörten. Schon heute werden großflächig aufwendige Kalkungen vorgenommen, um der Bodenversauerung entgegenzuwirken. Solche Maßnahmen, verbunden mit der forstlichen Umstellung auf naturnähere Mischwaldbestände, greifen aber erst in einem Zeitraum von hundert Jahren. Professor Bernhard Ulrich hat am Forschungszentrum Waldökosysteme der Universität Göttingen dazu abgeschätzt, daß hier langfristig nur Emissionsminderungen bei den Stickstoffverbindungen um 80 Prozent und beim Schwefeldioxid um 50 Prozent Erfolg versprechen dürften.

Jörg Brandes

Wie schlecht es um den deutschen Wald bestellt ist, zeigt sich daran, daß jeder vierte Baum mittel oder sogar schwer geschädigt ist. Viele Forschungsarbeiten zielen deshalb nicht nur darauf ab, den Gründen für diese Schäden nachzuspüren, sondern auch für eine vernünftige Wiederaufforstung zu sorgen:

Verjüngungskur für kranke Wälder

Mit der Erforschung der Möglichkeiten solcher Verjüngungskuren wurde bereits 1985 am Lehrstuhl für Waldbau und Forsteinrichtungen der Universität München begonnen. Damals richtete man in den Hochlagen des Frankenwaldes, des Fichtelgebirges und der mittleren Bayerischen Kalkalpen Versuchsanlagen ein, um das Gedeihen von Jungpflanzen in geschädigten Altbeständen zu beobachten. Außerdem ging man der Frage nach, wie sehr das Wachstum der Pflänzchen durch Düngung oder Unkrautbekämpfung begünstigt werden könnte.

Zunächst hatten die Forstwissenschaftler aber untersucht, welche der Hauptbaumarten sich trotz der veränderten Umweltbedingungen noch verjüngen und mit welchen waldbaulichen Maßnahmen man ihre Lebenskraft wieder stärken kann. Deren Lebensbedingungen sind besonders durch den Sauren Regen verschlechtert worden, der sich zum Teil verheerend ausgewirkt hat: Zum einen greifen die Säuren die Nadeln und Blätter direkt an, zum anderen verändern sie die Zusammensetzung der Mineralstoffe im Boden zu einer oft tödlichen Mixtur. Wegen der Wurzelschädigungen, die durch die oft tiefgehende Bodenversauerung hervorgerufen wird, haben Jungbäume nur selten eine Überlebenschance.

Ein Gegenmittel gegen diese Versauerung ist die sogenannte Kompensationskalkung, durch die es in anderen Forschungsprojekten bereits gelungen ist, Nährstoffmangelsituationen bei Fichten in Hochlagen zu beheben. Auch eine Düngung mit Kalium, Stickstoff und Phosphor zeigte etwa bei Fichte, Vogelbeere und Bergahorn im Harz günstige Effekte. Um die Wirkung von Düngemaßnahmen auf Verjüngungspflanzen zu testen, wurde in den Versuchsparzellen der Münchener Forscher mit kohlensaurem Magnesiakalk gedüngt.

Für die Wiederaufforstung von Freiflächen wählt man Fichte, Tanne, Buche und Ahorn als Hauptbaumarten sowie je nach Versuchsgebiet auch noch Eiche, Douglasie, Lärche, Vogelbeere oder Grünerle. Alle drei Versuchsgebiete wurden deshalb zur Verjüngung ausgewählt, weil sie ganz deutliche Anzeichen der bekannten Waldschäden und darüber hinaus auch mehr oder weniger große Bestandslücken aufwiesen. Zudem hatte sich bei der Begutachtung der Altbestände gezeigt, daß im Fichtelgebirge fast jede zweite Fichte vom Schnee gebrochen oder vom Rotwild geschält worden war und auch im Frankenwald jeder vierte Baum durch Schnee geschädigt ist. Außerdem lagen die bei Nadelanalysen gemessenen Nährstoffwerte im Frankenwald und in den Kalkalpen für Stickstoff im oder in der Nähe des Mangelbereichs; und auch die Werte für Kalium, Kalzium und Magnesium pendelten sich gerade einmal im Bereich zwischen mangelhafter und ausreichender Versorgung ein. Alle drei Bestände gelten wegen dieser Ergebnisse als eine Art Spiegelbild des Gesundheitszustandes der Wälder in ihren Wuchsgebieten.

Und noch eine wichtige Beobachtung machten die Münchener Forstwissenschaftler: Auch der Befall mit Insekten trägt zum Teil erheblich zur Schädigung der Baumbestände bei wie etwa durch den Borkenkäfer im Fichtelgebirge. Allerdings standen die Bäume hier bereits unmittelbar vor dem Absterben, als sie von diesen Schädlingen besiedelt wurden.

Auf diesen durch sehr unterschiedliche Ursachen geschädigten Versuchsparzellen verlief die folgende Aufzucht von Jungpflanzen in dem Sinne erfolgreich, daß alle verwendeten

Baumarten anwuchsen. Allerdings hatten im Fichtelgebirge der Ahorn und in den Kalkalpen die Buche jeweils die größten Schwierigkeiten, mit den Standortbedingungen auszukommen. Im Frankenwald sorgte darüber hinaus der Rüsselkäfer für hohe Ausfälle bei Fichte und Douglasie. Schäden, die auf Nährstoffmangel beruhten, stellten die Forscher ebenfalls fest. So bewirkte Magnesiummangel Vergilbungen an Tanne und Fichte im Fichtelgebirge, wohingegen solche Erscheinungen an den Nadelhölzern in den Kalkalpen durch ein zu geringes Angebot an Stickstoff und Phosphor ausgelöst wurden.

Derartige Schäden lassen sich mit einer gezielten Düngung allerdings vermeiden oder doch zumindest einschränken. So lebten auf den gedüngten Parzellen nach fünf Jahren immerhin noch 70 Prozent, auf den ungedüngten jedoch nur 31 Prozent der Pflanzen. Und auch die Vergilbungen an Fichten und Tannen im Fichtelgebirge konnten durch Düngergaben abgemildert werden. Damit betrachten die Forscher solche gezielten Düngungen auch als die erfolgreichste Maßnahme zur Erhaltung der Wälder des Fichtelgebirges. Die Unkrautbekämpfung dagegen hatte bis auf eine geringfügige Ausnahme keinen Einfluß auf die Überlebenschancen der Jungpflanzen.

An allen drei Standorten wirkte sich die Abschattung der Jungpflanzen durch die Wipfel der Altbestände am stärksten auf deren Entwicklung aus, denn mit Ausnahme der Buche im Frankenwald, des Ahorns im Fichtelgebirge und der Vogelbeere in den Kalkalpen wuchsen diese auf den Freiflächen besser. Dabei lagen die anhand der Sproßlänge ermittelten Unterschiede immerhin zwischen 25 und 95 Prozent. Die Untersuchungen der Münchener Forscher haben so vor allem gezeigt, daß stark geschädigte Altbestände sofort wieder aufgeforstet werden sollten, um Freiflächen zu vermeiden. Dabei ist die Düngung – bei richtiger Anwendung – ein wichtiges Mittel, die Lebenskraft der Jungpflanzen zu fördern. Auf eine Unkrautbekämpfung kann dann allerdings weitgehend verzichtet werden.

Bettina Reckter

Unter den sogenannten Treibhausgasen hat das Kohlendioxid eine Schlüsselrolle. Es unterliegt einem natürlichen Kreislauf, in dem sich die Prozesse, die es freisetzen oder verbrauchen, in etwa die Waage halten. Dieses Gleichgewicht wird allerdings empfindlich dadurch gestört, daß die Menschheit heute den in Jahrmillionen in Erdöl und Kohle gespeicherten Kohlenstoff durch deren Verbrennung praktisch „schlagartig“ wieder in Umlauf bringt:

Biomasse – Alternative zur Erdölchemie?

Den Möglichkeiten, die fossilen Energieträger wieder durch nachwachsende Rohstoffe zu ersetzen, ist der Autor Dieter Osteroth in seinem Buch „Biomasse – Rückkehr zum Ökologischen Gleichgewicht“ nachgegangen. Grüne Pflanzen bauen ihre organische Substanz bekanntlich unter Nutzung der Energie des Sonnenlichts aus dem in der Luft enthaltenen Kohlendioxid (CO_2) auf. Dem CO_2 der Atmosphäre, deren Gehalt an reinem Kohlenstoff auf etwa 700 Milliarden Tonnen geschätzt wird, entnehmen sie dafür jährlich etwa 100 Milliarden Tonnen, die durch Abbauprozesse dem atmosphärischen Speicher allerdings auch wieder zugeführt werden. Zugleich werden durch die Zerstörung der Regenwälder durch Raubbau und Brandrodungen aber auch zunehmend wichtige Kohlendioxidverbraucher ausgeschaltet.

Jahr für Jahr werden schätzungsweise 150 Milliarden Tonnen Biomasse gebildet. Da sie in den momentanen Kohlenstoffkreislauf eingebunden ist, wäre ihre Nutzung „CO_2-neutral“: Durch ihre Verwertung gelänge nicht mehr von diesem Gas in die Lufthülle der Erde, als ihr zuvor entnommen wurde. Damit der Kreislauf auch geschlossen bleibt, muß für eine Regeneration der entnommenen Biomasse gesorgt werden. Viele Möglichkeiten, Biomasse zu nutzen, erschließen sich durch einen Blick in die Vergangenheit. Erst Mitte des 19. Jahrhunderts entstand die synthetisch-organische Chemie auf der

Grundlage von Steinkohlenteer, die später von der modernen Erdölchemie abgelöst wurde. Vorher standen lediglich Pflanzenprodukte als Rohstoffe zur Verfügung.

Mit einem Anteil von rund 90 Prozent gelten die Wälder als die größten Biomasseproduzenten der Erde. Sie bedecken etwa ein Viertel der gesamten Landfläche des Planeten. Allein in ihrer lebenden Substanz ist fast ebensoviel Kohlenstoff enthalten wie in der Atmosphäre oder im Oberflächenwasser der Meere. Wegen dieses enormen Speicherungsvermögens könnten durch großflächige Wiederaufforstungen erhebliche Mengen zu CO_2 gebunden werden. Die Nutzung von Holz kann aber auch direkt zu einer Verminderung der Kohlendioxidfreisetzung beitragen, indem man damit energieaufwendige Materialien ersetzt. Die Herstellung einer Stütze aus Holz verschlingt beispielsweise nur ein Viertel der Energie, die für eine vergleichbare Stütze aus Stahlbeton gebraucht wird. Entsprechend niedriger ist auch die damit verbundene Kohlendioxidemission.

Die Nutzung von Holz als Werk- und Brennstoff hat eine lange Geschichte. Der Rohstoff wurde zum Bau von Häusern und Schiffsflotten verwendet oder in den Meilern der Köhler zu Holzkohle verarbeitet. Bei der Holzverkohlung fielen auch die Produkte einer frühen Holzchemie an: Holzteer war unerläßlich zum Abdichten der hölzernen Schiffe und als Wagenschmiere, Pech diente zum Beispiel als „Schusterpech“ und dem damals weit verbreiteten Vogelfang. Den damit bestrichenen Ruten gingen die „Pechvögel“ auf den Leim. Weiterhin gewann man Essigsäure und Methanol, den „Holzgeist“. Um eine Wiederaufforstung kümmerte man sich damals allerdings wenig, weshalb bereits im Mittelalter weite Teile Mitteleuropas abgeholzt waren. Erst um 1800 setzte sich das Prinzip der nachhaltigen Forstwirtschaft durch, bei der das eingeschlagene Holz durch Nachpflanzungen regelmäßig ersetzt wird.

Auch heute noch läßt sich Holzkohle wirtschaftlich gewinnen, wobei die Meiler allerdings vielerorts Großraumretorten gewichen sind. Früher wurde die Holzkohle in großem Maßstab im Hüttenwesen eingesetzt, jedoch Ende des 19. Jahrhunderts völlig durch Steinkohlekoks ersetzt. Anders ist dies in

Brasilien. Mangels eigener Kohlelagerstätten beschloß man dort 1920, eine moderne Stahlindustrie auf der Basis von Holzkohle aufzubauen. Um die Tropenwälder zu schonen, fördert die Regierung seit 1965 die Anpflanzung von Baumsorten, die sich zur Holzverkohlung eignen. Ab 1995 müssen sämtliche Hüttenwerke die Versorgung mit Holzkohle aus eigenen Plantagen sicherstellen.

An den Maßnahmen zur Entwicklung einer nachhaltigen Nutzung der brasilianischen Wälder ist auch die deutsche Mannesmann AG beteiligt, die in Belo Horizonte, der Hauptstadt des Bundesstaates Minas Gerais, ein Hütten- und Röhrenwerk betreibt. Um die Werke mit Holzkohle aus eigenen Forsten zu versorgen, wurde 1969 die Tochtergesellschaft MAFLA gegründet. In Zusammenarbeit mit ausländischen Hochschulen und Forschungsinstituten ermittelte das Unternehmen aus den etwa 600 bekannten Eukalyptusarten jene, die unter den gegebenen Bedingungen die größtmöglichen Erträge versprach. Heute werden auf den MAFLA-Plantagen jährlich viele Millionen Eukalyptussetzlinge verpflanzt. Konnten 1988 fast 30 Prozent des gesamten Holzbedarfs aus eigenem Anbau gedeckt werden, soll nun bald die Gesamtversorgung sichergestellt sein.

Auch ökologische Gesichtspunkte spielen bei der Anpflanzung eine große Rolle. Um großflächige Monokulturen zu vermeiden, werden zahlreiche Nischen zwischen den Eukalyptusplantagen belassen. Sie bilden Zufluchtsorte für die reiche brasilianische Tier- und Pflanzenwelt. Rinderherden sorgen nicht nur für einen biologischen Pflanzenschutz, indem sie das Unkraut zwischen den Bäumen abweiden, sondern ermöglichen auch eine landwirtschaftliche Nutzung der Plantagen.

In Deutschland gilt die Forschung im Bereich der nachwachsenden Rohstoffe allerdings in erster Linie industriellen Verwertungsmöglichkeiten für Zucker, Stärke, Pflanzenöle, Holz, Fasern und Wirkstoffe sowie der Entwicklung von Verfahrenstechniken zur Umwandlung von Naturstoffen. Bremsbeläge aus Flachsfasern oder aus Raps gewonnenes Schmieröl sind nur zwei Beispiele für Entwicklungen auf diesem Gebiet.

Jedoch wird es nur nach und nach gelingen, die aus der Petrochemie kommenden Erzeugnisse wirtschaftlich durch pflanzliche Rohstoffe zu ersetzen – hatte doch die Erdölchemie viel Zeit, ihre Verfahren bestmöglich auszubauen.

Die theoretisch größten Absatzmöglichkeiten für nachwachsende Rohstoffe liegen im Energiesektor. Noch sind allerdings die fossilen Energieträger konkurrenzlos billig. Außerdem ist in mitteleuropäischen Breiten mit dem Anbau von „Energiepflanzen" ein enormer Flächenbedarf verbunden. Umweltschützer befürchten deshalb auch die Anlage von intensiv bewirtschafteten Monokulturen, die durch den Einsatz von Agrarchemikalien Boden und Grundwasser belasten. Auf absehbare Zeit wird die Biomasse wohl nur einen geringen Beitrag zur Energieversorgung in Deutschland leisten können. Wenn man aber die Freisetzung von Kohlendioxid eindämmen will, dann führt – so scheint es – also kein Weg am Energiesparen vorbei.

Jörg Brandes

In den Industrienationen leben heute schon gut drei Viertel der Menschen in den Städten, und eine vergleichbare Entwicklung wird sich angesichts des erwarteten Bevölkerungswachstums auch in den unterentwickelten Ländern vollziehen. Die städtische Umgebung prägt zunehmend das Lebensgefühl des Menschen, wird aber auch zum Schlüsselbereich für jede zukünftige Energie- und Umweltpolitik:

Visionen vom ökologischen Stadtumbau

Nach neueren Schätzungen werden im Jahr 2035 von den dann voraussichtlich acht Milliarden Menschen Weltbevölkerung rund sechs Milliarden in Städten leben. Städte sind Sinnbild für unabhängiges, vielseitiges, multikulturelles Leben und Anziehungspunkte für Arbeits- und Erfolgsuchende; sie bedeuten ein Nebeneinander der verschiedensten Lebensstile und ein gewaltiges Entwicklungsfeld für Ideen und Neuerungen. Zugleich stehen sie aber auch für eine Lebenswelt, die den Menschen fast völlig aus der Einbindung in natürliche Vorgänge und soziale Gefüge herauslöst. Und schließlich ist städtisches Leben die Hauptursache von Umweltverschmutzung und -zerstörung. Schon heute, da weltweit ungefähr ein Viertel der Menschheit in Städten lebt, verbraucht man dort etwa 70 Prozent der Primärenergie und 80 Prozent der mineralischen Rohstoffe.

Der Berliner Architekt und Stadtökologe Ekhart Hahn hat daher die These formuliert, daß der ökologische Umbau der Industriegesellschaften als zentrale Aufgabenstellung der Zukunft in den Städten ansetzen müsse. In seinem Buch „Ökologischer Stadtumbau“ stellt er ein theoretisches Konzept vor, das er am Wissenschaftszentrum Berlin für Sozialforschung entwickelt und in zwei Projektstudien in Berlin und zwei osteuropäischen Städten weiter untersucht hat.

Den Ort der Handlung untergliedert Hahn in einen „Mikrobereich“, das Stadtquartier, dem Wohnungen, Grundstücke und Häuserblocks angehören, und den großflächigeren „Makrobereich“, der sich darüber hinaus bis zu den städtischen Gesamtstrukturen und Ballungsgebieten erstreckt. Bei der Beschreibung der ökologischen Situation von Städten als „Machtbereichen“ sollen vor allem die vielfältigen Abhängigkeitsverhältnisse berücksichtigt werden, die zwischen Umweltfaktoren wie Luft, Wasser, Boden einerseits und demographischen, historischen, wirtschaftlichen und politischen Rahmenbedingungen andererseits bestehen. Ein an diesen Kriterien orientierter Vergleich von Berlin und Nürnberg mit Krakau in Polen und Bratislava in Tschechien zeigt, daß die Situation in den beiden osteuropäischen Städten deutlich schlechter ist, obwohl Verkehrs- und Hausmüllaufkommen dort (noch) wesentlich niedriger sind als in Westeuropa. Das läßt sich in erster Linie auf das Fehlen finanzieller Anreize zum sparsamen Umgang mit Energie und natürlichen Ressourcen zurückführen, wie es für die ehemalige sozialistische Planwirtschaft kennzeichnend war. Aber auch in den beiden deutschen Städten ist die Umweltverschmutzung weit fortgeschritten, obwohl sie durch die gesetzlichen und strukturellen Maßnahmen der letzten Jahre teilweise aufgehalten oder gar verringert werden konnte. Hahn kritisiert allerdings, daß die Maßnahmen zum Umweltschutz in den Industrienationen meist nur Teilaspekte aufgreifen und in der Regel eine rein technische Nachsorge bedeuten: Anstatt beispielsweise industrielle Abgase zu vermeiden, würden diese aufwendig gefiltert, was hohe Kosten verursache, ohne die Produktivität zu steigern, und zudem oft nur eine Problemverlagerung darstelle, da auch so giftige Rückstände zu entsorgen blieben.

Diesem herkömmlichen Ansatz – der in vielen Fällen als „einzige“ Lösung auch die beste darstellt, wie Hahn einräumt – stellt er ein Konzept entgegen, das durch „systemisches Denken“ die komplexen Zusammenhänge zwischen menschlichen Bedürfnissen, Umweltfaktoren und gesellschaftlichen Rahmenbedingungen berücksichtigen soll. Grundmerkmal seines Ansatzes ist, daß der „Mikrobereich“ Stadt-Quartier zum Ausgangspunkt für dezentrale Lösungen der Umweltproblematik werden soll. Dadurch werde es möglich, integrierte Konzepte anzubieten, die die betroffenen Stadtbewohner mit einbeziehen und menschliche Bedürfnisse nach Identifikation, sozialen Kontakten und nach einer natürlichen Erlebniswelt berücksichtigen. Von Demokratisierung des Umweltschutzes ist die Rede, wo bisher die Befreiung des Einzelnen von Verantwortung als ein Zeichen von Lebensqualität angesehen wurde – eine solche Tendenz wäre sicher wünschenswert. Weiter sollen übersichtliche Stoffkreisläufe, Vernetzung, die Verwendung moderner Regelungstechniken und verbrauchsabhängige Tarife das Konzept insgesamt „ökologisch wirksam, ökonomisch tragfähig, sozial akzeptabel und politisch durchsetzbar" machen.

Diese neuen Vorstellungen zum Umweltschutz könnten nach Hahn bereits in drei Bereichen verwirklicht werden. So müsse die Stadttechnik und -gestaltung von der Nachsorge bereits vorhandener Probleme hin zu einer Vorsorge und Vermeidung von Umweltbelastungen führen. Am Ende dieser Entwicklung soll eine „sozioökologische Technikgestaltung" stehen, die aber wohl noch ausführlicher zu beschreiben wäre. Ein weiterer Bereich der Arbeit Hahns mit dem Titel „Ökonomie und Umwelt" gilt der wirtschaftlichen Tragfähigkeit dieser neuen Konzepte. In ihm wird darauf hingewiesen, daß die moderne Industriegesellschaft gewaltige Einsparmöglichkeiten an Wasser, elektrischer und Heizenergie bieten kann: Gut die Hälfte dieser Ressourcen ließe sich durch die Verwendung wirkungsvoller Technologien einsparen. Hahn bemerkt, daß Vorsorgekonzepte volkswirtschaftlich einträglicher seien als die in aller Regel kostspielige Nachsorge, die allerdings oft erst Jahre später, wenn sich Umweltschäden bereits bemerkbar gemacht haben, zu leisten ist. Es gelte daher, die Umweltkosten über Steuern und Abgaben den Kosten der umweltschädigenden Prozesse zuzuschlagen. Fraglich bleibt jedoch, ob solche Maßnahmen gerade in den besonders schwer betroffenen osteuropäischen Staaten bald verwirklicht werden können, vor allem angesichts der dortigen Krisen beim Übergang zum marktwirtschaftlichen System.

Als dritter und wohl wichtigster Bereich ist die „Umweltkommunikation und lokale Demokratie" zu nennen. Von der

Einbeziehung der Stadtbewohner in einen basisorientierten Umweltschutz erwartet Hahn einen Gewinn an Motivation und Kreativität. Diese Überlegung ist überzeugend, setzt aber natürlich Interesse, Information und eine gewisse Bildung bei den Menschen voraus. Entsprechende Maßnahmen sollen – neben anderen Aufgaben – von sogenannten Ökostationen in den Stadt-Quartieren getragen werden. Bei näherer Betrachtung wird aber deutlich, daß hier eine gewaltige Veränderung der gesellschaftlichen Lage und der politischen Strukturen gefordert wird. Von einem neuen „Politikstil" spricht denn auch Hahn und sieht hoffnungsvolle Ansätze in Bürgerinitiativen, Atomkraftdiskussion, Friedens-, Frauen- und Umweltbewegung. Von Arbeitslosigkeit, Gewaltpotential, Ausländerhaß, Gleichgültigkeit und Analphabetentum auch in den westlichen Städten ist hingegen nicht die Rede. Aber vielleicht soll das nur zeigen, wie weit der Weg noch ist, der in möglichst kurzer Zeit zurückgelegt werden muß.

Martin Ebeling

Mehr als ein Jahrhundert lang hat der Mensch die geologischen und biologischen Schätze der Erde als scheinbar unerschöpfliches und kostenloses Startkapital für seinen industriellen Salto mortale ausgebeutet. Doch nun präsentiert die Natur eine Rechnung, die nicht allein mit Geld zu begleichen ist:

Klimaprognosen mit vielen Unbekannten

Diese von Klimaforschern in aller Welt vorhergesagte Rechnung einer geplagten Natur konfrontiert mit einem weltweit drohenden Temperaturanstieg um bis zu drei Grad Celsius und einer Erhöhung des Meeresspiegels von bis zu einem Meter, deren Folgen Naturkatastrophen, Seuchen und Hungersnöte sein könnten. Millionen Tote und Milliarden an Schadkosten dürften so in wenigen Jahrzehnten auf dem Schuldkonto stehen. Es fragt sich allerdings, wie zuverlässig solche hochgerechneten Visionen von einer kaputten Zukunft eigentlich sein können. Denn die von den Forschern jeweils ermittelten Kosten für Umweltschutz und Schadensbehebung klaffen oft weit auseinander. Auf die Energieversorgung umgelegt ergeben sich beispielsweise spezifische Kosten zwischen 0,005 bis 26 DM pro Kilowattstunde. Es wäre jedoch verhängnisvoll, diese „Schwankungsbreiten" als Alibi dafür nutzen zu wollen, so weiter zu machen wie bisher. Denn zumindest in einem Punkt lassen die Klimaexperten keine Zweifel mehr zu: Die endgültige Gewißheit kann nicht mehr abgewartet werden.

Die heute bekannten Tatsachen sind bedrohlich genug: Der Anteil des „Treibhausgases" Kohlendioxid (CO_2) in der Erdatmosphäre ist seit Beginn der Industriellen Revolution von 580 Milliarden Tonnen auf 730 Milliarden Tonnen angewachsen – und ohne einen krassen Einschnitt in der Energiewirtschaft erwartet das Heidelberger Prognoseinstitut UPI für das Jahr 2030 einen Anstieg um weitere 200 Milliarden Tonnen. Dr. Olav Hohmeyer hat bei seinen Analysen am Fraunhofer-Institut für

Systemtechnik und Innovationsforschung (ISI) in Karlsruhe für die bisher entstandenen Schäden einen Aufpreis auf jede künftig freigesetzte Tonne Kohlendioxid von über 500 DM veranschlagt.

Wie das Ökosystem Erde auf einen derart extremen Anstieg des Kohlendioxidgehalts reagieren wird, ist im einzelnen noch nicht erwiesen: Die Verweilzeit von CO_2 in der Atmosphäre liegt bei 100 bis 120 Jahren. Die eigentlichen Auswirkungen der Kohlendioxidlawine stehen also noch aus. „Wir vermuten", so die vorsichtige Formulierung der Experten, „daß der beobachtete Temperaturanstieg von 0,6 Grad Celsius pro Jahrzehnt schon damit zusammenhängt." Eine weitere Tatsache ist der Anstieg des Meeresspiegels. Für die mitteleuropäischen Küstenregionen erwarten die Wissenschaftler zwar keine tragischen Auswirkungen, doch könnte er für Länder wie Bangladesch, die in den Niederungen breitgefächerter Mündungsgebiete zum Ozean liegen, zur Katastrophe werden.

Im Gegensatz zu einer alle sechs Stunden aktualisierten Wettervorhersage kann aber eine auf die nächsten 50 bis 100 Jahre ausgerichtete Klimasimulation nicht an konkreten Beobachtungen festgezurrt werden. In sie werden vielmehr Erfahrungswerte eingebracht und aus ihnen Entwicklungswahrscheinlichkeiten hochgerechnet. Zu den wichtigsten, erst seit einigen Jahren einbezogenen Faktoren gehört das Eigenleben der Ozeane. So entwickelten die Klimaforscher am Hamburger Max-Planck-Institut für Meteorologie zum Beispiel ein gekoppeltes Simulationsmodell, das sowohl die weltweiten Luftströmungen als auch die Zirkulation der Meeresströmungen in den Ozeanen in ihrem räumlichen Ablauf beschreibt.

Ozean und Atmosphäre, die beiden großen Spielfelder des Klimas, beeinflussen sich in weit stärkerem Maße, als lange Zeit angenommen wurde. Den Ausschlag geben die Absinkzonen des Meerwassers im nördlichen Atlantik vor Island und im südlichen Polarmeer, am Rande der Antarktis. Außerhalb dieser Fenster, die nur ein Prozent der Meeresoberfläche öffnen, nimmt der Weltozean kaum etwas von den Vorgängen in der Atmosphäre wahr, weil nur eine 30 bis 50 Meter tiefe Oberflächenschicht vom Wettergeschehen unmittelbar berührt wird. Deshalb bezogen frühere Klimamodelle den Ozean auch nur als flache Pfütze in ihre Berechnungen ein. Neueste Ergebnisse zeigen indessen auf, daß der „echte" Ozean die bisherigen Berechnungsergebnisse zu einer weltweiten Klimaerwärmung eher dämpft; gleichzeitig ergeben sich aber verschärfte Temperaturkontraste zwischen Land- und Seegebieten. Die Folge wären wesentlich heftigere Wettereinbrüche.

Noch bedenklicher stimmen die Wissenschaftler aktuelle Befunde, nach denen in besonders empfindlich reagierenden Meereszonen für die kommenden drei bis vier Jahrzehnte sinkende Temperaturen zu erwarten sind. Dadurch könnten sich die Umlaufmuster der tiefen Kaltwasserströmungen und der an der Oberfläche rücklaufenden Warmwasserströmungen nachhaltig verändern. Extreme Szenarien schließen deshalb eine Richtungsänderung oder gar ein Versiegen des Golfstroms nicht aus. Nord- und Mitteleuropa wäre damit die „Warmwasserheizung" abgedreht.

Auch an einem weiteren Beispiel zeigt sich, wie empfindlich der an sich träge Ozean auf bestimmte Veränderungen reagiert: Seine Tiefen nehmen ein Großteil des freigesetzten Kohlendioxids in sich auf; erst nach 250 Jahren findet ein Austausch mit der Atmosphäre statt. Je wärmer das Wasser jedoch wird, desto weniger CO_2 kann es aufnehmen: Das „Treibhausgas" bleibt dann zunehmend in der Atmosphäre. Allerdings ist jede Simulation nur in ihren vorgegebenen Grenzen schlüssig und interpretierbar. Einige CO_2-Berechnungen gehen beispielsweise davon aus, daß sich Atmosphäre und Ozean zu Beginn des Simulationszeitraumes im Gleichgewicht befinden. Dadurch wird der Effekt aller zuvor freigesetzten Treibhausgase vernachlässigt, und die berechneten Werte zeichnen lediglich eine untere Grenze der zu erwartenden Veränderungen auf. Den Klimaforschern geht es hier vor allem um die Verhaltensweisen des Klimas, nicht um absolute Zahlenwerte. Die Ergebnisse des Hamburger Modells decken sich in ihrer Tendenz jedoch mit den Erkenntnissen anderer Gruppen wie etwa des Intergovernmental Panel on Climate Change (IPCC).

„Aufgrund der verbleibenden Unsicherheiten heutiger Klimaszenarien nicht zu reagieren, ist allenfalls politisch bequem“, warnt Olav Hohmeyer. Einige Fragen werden durch das auch dem Zufall unterworfene Verhalten des Klimas auch in Zukunft kaum zu klären sein. Unbequeme Quertreiber in jedem Klimamodell sind zudem die Wolken, von denen die (infrarote) Wärmestrahlung der Sonne je nach Zusammensetzung und Häufung unterschiedlich in das Weltall zurückgeworfen wird. Eine Simulation dieser Vorgänge müßte im Grunde genommen jedes einzelne Eiskristall erfassen, doch würde eine solche „Detailgenauigkeit“ die Möglichkeit heutiger Rechenzentren weit überfordern, in denen schon die Berechnung nur eines einzigen Klimajahrs im gekoppelten Modell noch acht Stunden dauert.

Graduelle Unterschiede in den Berechnungen der einzelnen Auswirkungen und Schadbilanzen ergeben sich auch aus voneinander abweichenden Einschätzungen der energiepolitischen Entwicklung. Auf schwankendem Boden stehen notgedrungen die Quantifizierungsansätze der externen Kosten. Hier muß man gerade in den schwer bewertbaren sozialen Bereichen auf Versicherungsleistungen, Risikoprämien und die jeweilige Zahlungsbereitschaft für Maßnahmen zur Vermeidung bestimmter Gefahren zurückgreifen. Solche „Preislisten für die Schäden der Zukunft“ sind also sicher nicht bis in die letzten Ziffern belastbar, doch kann die offensichtlich verfehlte Vorstellung von der billigen konventionellen Energieerzeugung wiederum nur durch den Einbezug der externen Kosten zurechtgerückt werden. Darüber – wenn auch noch nicht über das Wie – sind sich Wissenschaftler wie aufgeschlossene Politiker inzwischen einig. Professor Wolfgang Seiler vom Fraunhofer-Institut für Atmosphärische Umweltforschung in Garmisch-Partenkirchen verdeutlicht den Stand der umweltpolitischen Diskussion so: „Wie will man heute wissen, wie viele der prognostizierten Millionen von Hungertoten der Klimaveränderung und wie viele der mindestens so sicheren Bevölkerungsexplosion zuzurechnen sind?“ Die Herausforderung in dieser Frage gibt zugleich die Antwort vor: Die Welt ist mit oder ohne Klimakatastrophe an einem Punkt angelangt, an dem sie schleunigst umdenken sollte. Immerhin setzten sich zur Weltklimakonferenz in Rio de Janeiro 1989 erstmals 170 Nationen an einen, wenn auch noch nicht einigen Tisch.

Dytha Mund

Nichts scheint mehr unmöglich. Wir fliegen schneller als der Schall und bewegen uns in Computerwelten; die Informationstechnik macht die Welt zum Dorf und die Gentechnik reife Tomaten zu einer unverderblichen Ware. Doch die Wissenschaft hat längst ihre Unschuld verloren, und der technische Fortschritt fordert immer stärker seinen Preis. Noch immer fehlt es aber an Methoden, diese Kosten zuverlässig abzuschätzen:

Ein Frühwarnsystem für verfehlte Entwicklungen

Technikfolgenabschätzung heißt ein Zauberwort, mit dem die Wissenschaftler seit den achtziger Jahren den unangenehmen Seiten der Technik begegnen wollten. Doch diese „setzte häufig zu spät an“, wie Professor Meinolf Dierkes am Wissenschaftszentrum Berlin für Sozialforschung in einer Veröffentlichung bemängelte. Die junge und fächerübergreifende Wissenschaft der Technikgeneseforschung will dies nun vermeiden helfen und ein Frühwarnsystem entwickeln, das eine zuverlässige Beurteilung neuer Entwicklungstrends noch rechtzeitig erlaubt.

Welche Technik erfolgreich ist, entscheidet sich oft schon in einem frühen Entwicklungsstadium – und nicht immer ist die bessere Technik auch erfolgreich. Die Technikgeneseforschung will nun untersuchen, wie Technik entsteht, sich durchsetzt und auf Natur und Gesellschaft wirkt. Denn eine einmal etablierte Technik ist nur schwer wieder zurückzunehmen. Die

Kernkraftwerke sind ein beredtes Beispiel dafür. Will man eine technische Entwicklung beeinflussen, muß man mehr als bisher über ihre Entstehungs- und Durchsetzungsprozesse wissen. Zunächst sollen die Entstehungsphasen einzelner Techniken betrachtet werden, und in einem späteren Vergleich dieser Untersuchungen hoffen die Wissenschaftler, dann verallgemeinerbare Muster herausfiltern zu können, die auf die Wirkung einer Technik schließen lassen.

So hat sich beispielsweise Andreas Knie am Berliner Wissenschaftszentrum gefragt, warum sich der Dieselmotor eigentlich durchsetzen konnte, obwohl dessen Konstruktion zu Beginn des 20. Jahrhunderts keinen erfahrenen Motorenbauer zu überzeugen vermochte. Dampf- und Elektromaschinen hatten dagegen ein verhältnismäßig hohes technisches Niveau vorzuweisen. Doch der motortechnisch eher unerfahrene Kältetechniker Rudolf Diesel (1858–1913) besaß offenbar Managerqualitäten. Er „bildete mit den führenden Unternehmen seiner Zeit eine strategische Allianz, die den Dieselmotor weiterentwickelte und schließlich am Markt durchsetzte", erläutert der Sozialwissenschaftler.

Der Technikhistoriker Wolfgang König vermißt in dieser Erklärung allerdings den genauen Blick auf die Technik selbst; man dürfe nicht den „Stand des technischen Könnens" der jeweiligen Zeit und die „ökonomische Dimension" vernachlässigen, und verweist auf Beispiele aus seinen entsprechenden Nachforschungen an der Technischen Universität Berlin. Schon 1673 habe Gottfried Wilhelm Leibniz zwar eine ganz neue Rechenmaschine für alle vier Grundrechenarten erfunden, doch keinen Konstrukteur ausfindig gemacht, der sie auch hätte verwirklichen können. Auch der Schreibtelegraph von Carl August von Steinheil, vor rund 150 Jahren erfunden, konnte im damals rückständigen Deutschland keinen Markt finden, obwohl er dem zur gleichen Zeit von Samuel Morse entwickelten Gerät überlegen war. Der Ingenieur und Technikhistoriker Hans-Ulrich Niemitz hat in Berlin seinen Blick auf die Entwicklung von Dampfturbinen in der Zeit nach dem Zweiten Weltkrieg geworfen und die Handlungsspielräume der Ingenieure ausgelotet, die oft „das Neue als Bedrohung, ja als Katastrophe empfanden“. Er schließt daraus, daß Innovationsprozesse in der Dampfturbinenentwicklung nur möglich waren, „wenn man entweder die gesamte technische Mannschaft auswechselte oder die Konstruktion komplett neu organisierte“.

Als Ergebnis solcher Analysen versprechen sich die Forscher eine Art Frühwarnsystem. Nach dem Motto „Vorsorge statt Nachsorge“ könnte dann die Technikgeneseforschung so beraten, daß möglichst viele Fehler von vornherein vermieden werden, hofft jedenfalls der Historiker Hans-Dieter Hellige, der sich an der Universität Bremen mit der gleichen Thematik befaßt. Vorsorgen will auch das Fraunhofer-Institut für Systemtechnik und Innovationsforschung in Karlsruhe, an dem sich Knut Koschatzki mit der „Wirkung des Einsatzes neuer Biotechnologie in der Nahrungsmittelproduktion“ befaßte. Der Hintergrund ist, daß in vielen Ländern der Europäischen Gemeinschaft (EG) keine Kennzeichnungspflicht für genetisch veränderte Lebensmittel besteht. Durch die offenen Grenzen des europäischen Binnenmarktes könnten diese Nahrungsmittel vermehrt auch auf den deutschen Eßtisch gelangen. Deshalb sollen die direkten ernährungsrelevanten Auswirkungen gentechnischer Veränderungen von Nutztieren, Nutzpflanzen, Mikroorganismen, Enzymen und sogenannten Starterkulturen, mit denen man etwa Joghurt ansetzt, untersucht werden. Vorläufiges Fazit dieser Arbeit, mit der 1991 begonnen wurde und die in der Herausgabe eines „Katalogs mit Prüfbedingungen“ für solche Lebensmittel münden soll, ist, daß sich die Risiken der Gentechnik nicht verallgemeinern lassen und deshalb jedes ihrer Produkte einzeln bewertet werden sollte. Zugleich gehen die Fraunhofer-Forscher in vielen Gesprächen mit den Vertretern von Verbraucherverbänden und anderer wichtiger gesellschaftlicher Gruppen auch den Forderungen und Ängsten auf den Grund, die heute mit dieser „Kunstnahrung“ verbunden werden.

Ein Frühwarnsystem für technische Entwicklungen aufzubauen, ist ein faszinierender Gedanke: Die Atombombe wäre dann möglicherweise nie entwickelt worden, die ozonschädigenden Fluorchlorkohlenwasserstoffe wären nie in die Atmosphäre gelangt – könnte man zumindest träumen. Doch wie schwierig es ist, selbst bekannte Techniken richtig einzuschätzen, zeigt beispielsweise der weltweite Verkaufsboom für Telefaxgeräte, der an deutschen Herstellerfirmen jedoch weitgehend vorbeigegangen ist. Wie Hellige das kommentiert, wurde die „Bedeutung der Faxtechnik von allen Fachleuten, von den Entwicklern, Nachrichtentechnikern und auch der Industrie völlig unterschätzt". Niemand hatte hierzulande – und auch anderswo im Westen – damit gerechnet, daß sie die Märkte derart stürmisch erobern würde. Dagegen wurden andere technische Entwicklungen von den Fachleuten vollkommen überschätzt, so das Kommunikationssystem Bildschirmtext und die Künstliche Intelligenz, die eigentlich hätten Revolutionen auslösen sollen.

Will die Technikgeneseforschung an diesen Schwierigkeiten nicht ebenfalls scheitern wie die Technikfolgenabschätzung, darf sie nicht bei der Analyse technischer Probleme stehen bleiben. Sie muß auch nach Methoden und Mitteln suchen, die Entwicklung und den Einsatz einer Technik frühzeitig zu beeinflussen. Hellige schlägt vor, die spätere Nutzung einer Technik „in Experimenten und Gesprächen in die technische Entwicklung einzubinden und so die Entwicklung der Technik an den Bedürfnissen der Gesellschaft zu orientieren". Doch das wird, wie der Forscher einräumt, in absehbarer Zeit wohl eine Wunschvorstellung bleiben.

Ruth Henke

Weil das antike Volk Israel in seinem Religionsverständnis die ganze Welt und alles Leben auf ihr als von Gott erschaffen ansah, waren in den jüdischen Gesetzen auch schon Dinge geregelt, über die andere Völker überhaupt noch nicht nachgedacht hatten. Vielleicht liegt es hieran, daß dieses Volk die fortschrittlichsten Landwirte und Ökologen des römischen Altertums hatte:

Ökologische Lehren aus dem Alten Testament

Weil sich das jüdische Volk in Palästina rascher als seine Nachbarvölker vermehrte, reichte der verfügbare Boden als Ernährungsgrundlage nie ganz aus, und die Bauern mußten ihre Äcker, Gärten und Weiden deshalb intensiv nutzen. Das war aber nur möglich, wenn sie ökologisch wenig falsch machten. Der hohe Alphabetisierungsgrad und der Respekt vor dem überlieferten Wissen begünstigten dabei die Verbreitung auch eines ökologischen Erfahrungsschatzes. Wie stark die Kenntnisse über die Zusammenhänge in der Natur sich in den jüdischen Gesetzen, im Talmud und in der Hebräischen Bibel, dem Alten Testament der Christen, wiederfinden, hat der Forstbotaniker Professor Aloys Hüttermann an der Universität Göttingen einmal untersucht.

Obwohl den Nichtjuden die zahlreichen Reinheitsgebote der Israeliten oft ziemlich unsinnig erscheinen, haben diese neben der religiösen meist auch ökologische und ökonomische Funktionen. Die bekannteste dieser Vorschriften ist das Verbot, Schweinefleisch zu essen, die der mittelalterliche jüdische Philosoph Moses ben Maimon (1135–1204), Arzt des Sultans Saladin und auch kurz Maimonides genannt, mit einer Gefährdung der Gesundheit erklärt, von der wir heute wissen, daß sie auf Trichinen zurückzuführen ist. Es gibt aber auch Fachleute, die meinen, daß die im Vergleich zu den Wiederkäuern erheblich schlechtere Futterverwertung durch die Schweine der Grund für dieses Verbot gewesen sein könnte.

Neben den Schweinen gibt es noch eine Auflistung von Tieren, die entweder zu verspeisen erlaubt oder verboten waren; darunter sind sowohl Tiere, die aus gesundheitlichen Gründen, als auch solche, die wegen ihrer ökologischen Bedeutung nicht „koscher" und damit nicht erlaubt oder nicht „einwandfrei" waren. Da das Palästina des Altertums meist nicht sehr fruchtbar, dafür aber dicht besiedelt war, bestand dort ein Mangel an tierischem Eiweiß, wie ihn auch Europa im 19. Jahrhundert kannte. Jedes genießbare Tier lief deshalb auch Gefahr, in einer Pfanne zu landen – es sei denn, dies wurde durch Gesetze verboten. Die Auflistung verbotener Tiere in der Hebräischen Bibel hatte demnach die Funktion einer „Roten Liste", die zahlreiche Arten unter strengen Schutz stellte. Da andererseits auch der Sinn eines solchen Verbots eingesehen werden mußte, wurden nur solche Tiere geschützt, die aus gesundheitlichen Gründen nicht genießbar oder solche, die für die Gesellschaft wichtig und wertvoll waren.

Von allen Tieren, die im Wasser leben, waren nur die Fische zum Verzehr zugelassen. Molche, Kröten und Frösche galten als unrein und damit verboten. Somit wurde schon im antiken Israel indirekt der Malaria vorgebeugt, da Frösche die wichtigsten Vertilger der Larven jener Anopheles-Mücken sind, durch deren Stiche die Erreger des „Sumpffiebers" in das menschliche Blut übertragen werden. Außerdem bilden die Amphibien eine Ernährungsgrundlage für alle großen Watvögel, die wiederum den als „biblische Plage" bekannten Heuschrecken nachstellen. Allgemein wurden nur jene Vogelarten in die religiösen Gebote einbezogen, die als Gesundheitspolizei oder aus ökologischen Gründen wichtig sind: Nicht koscher waren zum Beispiel Geier, Raben, Greifvögel und Eulen, die Mäuse und Heuschrecken unter Kontrolle halten, aber auch Störche, Ibisse und Reiher, die von diesen Tieren ebenfalls zum Teil leben.

Von den Säugetieren waren einem Juden nur die Wiederkäuer oder Pansentiere, die gute Futterverwerter sind, als Eiweißquelle erlaubt. Kleine Raubtiere wie Marder oder Fuchs waren dagegen geschützt, da sie hauptsächlich von Mäusen und Ratten leben. Das galt auch für Schlangen, die sich von Mäusen ernähren und somit geschützt waren wie die Eidechsen, die Heuschrecken und Insekten fressen.

Die Speisegebote gingen über das einfache Unterschutzstellen der Arten hinaus. Allem Anschein nach hatten die antiken Juden sogar Kenntnisse über das, was man heute Biotopschutz nennt. So heißt es im Buch Jesaja des Alten Testaments im Kapitel 5, Vers 8-10: „Wehe euch, die ihr Haus an Haus reiht und Feld an Feld fügt, bis kein Platz mehr da ist und ihr allein im Land ansässig seid … Ein Weinberg von zehn Morgen bringt nur ein Bat Wein, ein Homer Saatgut bringt nur ein Efa Korn." Im Klartext heiße dies, so Hüttermann, daß durch eine intensive Ausnutzung der Agrarflächen dann für die natürlichen Schädlingsbekämpfer kein Lebensraum mehr vorhanden wäre, was wiederum fatale Folgen für die Ernte haben würde.

Der Forscher ist der Ansicht, daß in der antiken jüdischen Gesellschaft auch unter extremen Bedingungen die Natur Vorrang hatte. Selbst in Kriegen, so heißt es im 5. Buch Moses in Kapitel 20, Vers 19-20, sind die Bäume zu schonen, auch wenn dies die erfolgreiche Kriegsführung erheblich einschränken sollte. Der Baum stand nach jüdischem Verständnis unter dem besonderen Schutz Gottes.

Dieser schonende Umgang mit der Natur war auch autoritativ und damit richtungsweisend festgeschrieben, was im Altertum einmalig war. Als nach der Zerstörung Jerusalems durch die Römer im Jahre 70 Palästina verelendet und das Land verwüstet war, hat der jüdische Hohe Rat in Javne mit Duldung der römischen Besatzung die Haltung von Schafen und Ziegen verboten, obwohl die Nachfrage nach Wolle damals außerordentlich war. Diese Tiere hätten aber den Verwüstungsprozeß der Landschaft noch mehr beschleunigt. Die meisten jüdischen Bürger haben sich an dieses Verbot gehalten, das lediglich von einer autorisierten religiösen Führungsschicht, doch nicht offiziell auch von der römischen Besatzung erlassen wurde.

Die jüdischen Gesetze gingen so weit, daß alle sieben Jahre das Land brachliegen mußte. Es war das sogenannte Sabbatjahr, das den Effekt hatte, daß sich der Boden von der intensiven landwirtschaftlichen Nutzung erholen konnte. Bis in das erste nachchristliche Jahrhundert war die Einhaltung dieses Jahres für die Israeliten bindend. So wollten sie ihre Felder vor der Übernutzung schützen und deren Fruchtbarkeit erhalten. Es gibt auch Hinweise, daß die Bauern im Heiligen Land ihre Äcker gedüngt haben. Im Alten Testament werden beispielsweise Haufen von toten Körpern mit Dung verglichen – ein Gleichnis, das der Prophet Jeremia häufig benutzte.

Nach Erkenntnissen der Archäologen und Agrarhistoriker war die jüdische Landwirtschaft in der Antike die fortschrittlichste im Mittelmeergebiet, wohingegen die Landwirtschaft der Römer und Griechen stagnierte. So betrug beispielsweise im Negev das Verhältnis zwischen eingesetztem Saatgut und eingebrachter Ernte 1:6, bei den Römern zu Zeiten von Kaiser Nero 1:4. Im Süden des Staates Israel liegt dieses Verhältnis heute zwischen 1:6 und 1:12.

Gottlieb Öchsle

Quellen, Hinweise, Literatur

Von unmöglichen Römerlagern und karthagischen Kochtöpfen

Wo Varus fiel und Arminius siegte (1993): Den abschließenden Bericht zu seinen Grabungsbefunden hat Wolfgang Schlüter in der Fachzeitschrift „Germania" (70/92) veröffentlicht, die im Verlag Philipp von Zabern, Mainz, erscheint. Ein erster Bericht über die jetzt belegte Vermutung erschien unter dem Titel „Löst sich das Rätsel um die Varusschlacht?" bereits in Band 11 der „Geschichten, die die Forschung schreibt".

Ein Römerlager am falschen Ort (1992): Forschungsreportage. Auch zu diesem Thema ist ein Beitrag in der Zeitschrift „Germania" im Verlag Philipp von Zabern, Mainz, vorgesehen.

Kein Eiserner Vorhang der Römer (1992): Ein Jubiläumsband der Römisch-Germanischen Kommission des Deutschen Archäologischen Instituts mit dem Titel „Der römische Limes in Deutschland" ist 1992 im Theiss Verlag, Stuttgart, erschienen.

Karthago ist nicht ausgelöscht (1992): Über diese Ausgrabungen berichtete Friedrich Rakob in der Fachzeitschrift „Antike Welt" (3/92) aus dem Verlag Philipp von Zabern, Mainz. Buchempfehlung: Werner Huß: „Karthago", Wissenschaftliche Buchgesellschaft, Darmstadt 1992.

Ein Blick in Karthagos Kochtöpfe (1992): Günter Nobis, ehemaliger Direktor des Zoologischen Forschungsinstituts und Museums Alexander Koenig in Bonn, berichtet über diese Untersuchungen in der Hauszeitschrift dieses Museums „Tier und Museum" (1/92).

Neue Kunde von Trojas Unterstadt (1992): An der Kampagne „Troja 1992" haben etwa 75 Forscher aus acht Ländern teilgenommen, darunter auch 27 türkische Wissenschaftler aus Istanbul, Ankara und Izmir. Über eine kühne – und zugleich umstrittene Hypothese über einen möglichen Zusammenhang zwischen Troja und dem sagenumwobenen Atlantis wurde in Band 11 der „Geschichten, die die Forschung schreibt" berichtet.

Altägyptisch „auf Granit gebissen" (1993): „Steine und Steinbrüche im Alten Ägypten" lautet der Titel des Bandes von Rosemarie und Dietrich Klemm, in dem sie über zehn Jahre ihrer diesbezüglichen Feldforschung berichten. Er erschien 1993 im Springer Verlag, Berlin/Heidelberg.

Das frühe „Gottesgeschenk" Musik (1993). Über diese und viele andere „Erstentdeckungen" und Rekorde berichtet Ernst Probst in seinem Buch „Rekorde der Urzeit", das im C. Bertelsmann Verlag, München, 1992, erschienen ist.

Von der Sprache Christi bis zu den falschen Zungen der Statistik

Was von der Sprache Christi geblieben ist (1993): Ein Bericht der Forscher um Otto Jastrow ist auch in der Hauszeitschrift „forschung" (3-4/92) der Deutschen Forschungsgemeinschaft nachzulesen, die dieses wissenschaftliche Unternehmen nachhaltig fördert. Die am Schluß der Berichtes erwähnte Dokumentation zur

Sprache Christi ist in der Reihe „Semitica Viva" (sechs Bände) aus dem Verlag Harrassowitz, Wiesbaden, erschienen.

Die Sprache der Hieroglyphen (1992): Mehr über diese Forschungsarbeiten ist aus der Feder von Walter E. Reineke und Stefan Grunert in der Zeitschrift „Spektrum der Wissenschaft" (8/92) nachzulesen.

Die wirklichen Herren Biedermeier (1993): Fast denselben Titel wie dieser Beitrag trägt auch das Buch von Christel Seidensticker-Schauenburg aus dem Moritz Schauenburg Verlag, Lahr: „Der wirkliche Herr Biedermeier". Es ist 1992 erschienen und bezieht sich in seinen Schwerpunkten nicht nur auf die Geschichte eines „Zeitgeist-Begriffs", sondern vor allem auch auf die „Gedichte in allerlei Humoren", die „Biedermeier" Ludwig Eichrodt 1853 unter dem Pseudonym Rudolf Rodt im Verlag C. P. Scheitlin in Stuttgart erstmals veröffentlicht hat.

Das berühmte Ei ist älter als Kolumbus (1993): Über seine Nachforschungen zum „Kolumbus-Ei" berichtete Wolfgang Mieder in der Zeitschrift „Der Sprachdienst" (5/92), die von der Gesellschaft für deutsche Sprache in Wiesbaden herausgegeben wird.

Von Aasgeiern, Lackaffen und Zimtzicken (1992): Auch diese sprachwissenschaftliche Zoologie wurde über die Gesellschaft für deutsche Sprache in Wiesbaden bekannt. Sie erschien, verfaßt von Peter Braun, in deren Zeitschrift „Muttersprache" (2/92).

„Den pfeif' ich doch in der Rauche" (1993): Ein Bericht über den „Frankfurter Versprecherkorpus", seine wissenschaftlichen Hintergründe und die Forschungsarbeit des Teams um Helen Leuninger findet sich in „Forschung Frankfurt" (3/92), der Zeitschrift der Goethe-Universität in Frankfurt am Main. Über ihre Forschungen berichtet die Frankfurter Linguistikprofessorin auch in ihrem 1993 im Ammann Verlag, Zürich, erschienenen Buch: „Reden ist Schweigen, Silber ist Gold. Gesammelte Versprecher". Mit den ganz alltäglichen Versprechern des Menschen setzt sich das Buch von Nora Wiedenmann „Versprecher und die Versuche zu ihrer Erklärung" auseinander, das 1992 im WVT Wissenschaftlicher Verlag, Trier, erschienen ist.

Die falschen Zungen der Statistik (1992): Was bei der Aufstellung von Statistiken unbeabsichtigt alles schief- und beabsichtigt alles „daneben"gehen kann, schildert Walter Krämer nicht ohne Humor in seinem Buch „So lügt man mit Statistik", das im Campus Verlag, Frankfurt am Main, 1992, erschienen ist.

Von Wahrnehmungen, Geistesblitzen und Künstlicher Intelligenz

Der Erkennungsdienst im Gehirn (1993): Ein Bericht über die Hintergründe der „Unfähigkeit, Gesichter zu erkennen" – der Prosopagnosie – aus der Feder von Stefan R. Schweinberger ist in der „Zeitschrift für Neurophysiologie" (Band 30) nachzulesen, weitere Forschungsergebnisse dazu hat der „American Scientist" (Band 80) zusammengefaßt.

Grammatik macht dem Gehirn Beine (1993): Bericht über ein Thema der Tagung „Sprache und Gehirn", die 1993 an der Universität Bonn stattgefunden hat. Dieser Artikel über die Forschungsarbeit von Angela D. Friederici ist gleichsam eine Fortsetzung zu „Ein ganz alltägliches Wunder" aus Band 10 der „Geschichten, die die Forschung schreibt".

Das Reptilhirn zündet Geistesblitze (1992): Die Doktorarbeit von Annette Valentin an der Universität-Gesamthochschule Wuppertal trägt den Titel „Psychophysiologische und kognitive Veränderungen nach Basalganglienschädigungen"; ein Bericht der kanadischen Psychologin Ann E. Taylor über dieses Problem ist in „Alzheimer Disease & Associated Disorders" (Band 4) nachzulesen.

„Göttlicher Funke" aus irdischer Glut? (1990): Ein Übersichtsbeitrag von Franz E. Weinert über diese Forschungsfragen befindet sich in den „Berichten und Mitteilungen der Max-Planck-Gesellschaft" (3/90).

Die intelligente Kunst der Künstlichen Intelligenz (1992): Das Buch „Künstliche Intelligenz" von Barbara Becker ist 1992 im Campus Verlag, Frankfurt am Main, erschienen.

Einige Literaturempfehlungen zu diesem Kapitel: Ernst Pöppl: „Lust und Schmerz – Über den Ursprung der Welt im Gehirn", Siedler Verlag, Berlin, Neuauflage 1993; Piet Vroon: „Drei Hirne im Kopf – Warum wir nicht können, wie wir wollen", Kreuz-Verlag, Stuttgart/Zürich 1993; Kenneth J. Klivington: „Gehirn und Geist", Spektrum Akademie Verlag, Heidelberg 1992; Hermann Haken und Maria Haken-Krell: „Erfolgsgeheimnisse der Wahrnehmung. Synergetik als Schlüssel zum Gehirn", Deutsche Verlags-Anstalt, Stuttgart 1992; Dankwart Rost: „Pawlows Hunde – Die Legende von der beliebigen Manipulierbarkeit der Menschen", Deutsche Verlags-Anstalt, Stuttgart 1993, sowie von John und Mary Gribbin: „Ein Prozent Vorteil – Wie wenig uns vom Affen trennt" aus dem Birkhäuser Verlag, Basel 1993. Zum Thema Künstliche Intelligenz: John R. Searle: „Die Wiederentdeckung des Geistes", Artemis & Winkler Verlag, München/Zürich 1992.

Von Ordnung, Chaos und den Wundern des Werdens

Von Chaos und gesundem Rechtsempfinden (1993): Heinz Otto Peitgen, Hartmut Jürgens und Dietmar Saupe haben das Buch „Bausteine des Chaos – Fraktale" geschrieben, das 1992 als gemeinsame Veröffentlichung der Verlage Springer und Klett-Cotta, Berlin und Stuttgart, erschienen ist. Der Band enthält auch ein diesbezügliches Computerprogramm in Basic. Ebenfalls sehr interessant: „Zufall und Chaos" von David Ruelle, erschienen 1992 im Springer Verlag, Berlin/Heidelberg.

Auch kranke Herzen sind „Chaoten" (1993): Weiteres zu diesem Thema berichten Gregor Morfill und Herbert Scheingraber in ihrem Buch „Chaos ist überall ... und es funktioniert", das 1991 im Verlag Ullstein, Frankfurt am Main, erschienen ist.

Liebe macht tatsächlich „blind" (1993): Forschungsreportage, die sich auch auf eine noch unveröffentlichte Arbeit von Niels Bierbaumer bezieht.

Wo das Chaos kein Chaos bleibt (1985): Ein Bericht aus der Broschüre „Bundesrepublik Deutschland: Ein Land der Spitzenforschung", herausgegeben von Karl-Heinz Preuß und Rolf H. Simen im Verlag Deutscher Forschungsdienst, Bonn. Hermann Hakens Lehrbuch „Synergetics" ist im Verlag Springer, Berlin/Heidelberg, erschienen.

Muster aus dem „Nichts" heraus (1993) / Die Ameisen von Jülich (1993): Weitere Berichte aus der Arbeit des Forschungszentrums Jülich finden sich in der Broschüre „Wege für die Welt von morgen", 1993 herausgegeben von Rolf H. Simen im Verlag Deutscher Forschungsdienst, Bonn.

Linksherum süß und rechtsherum bitter (1993): Bericht über den Vortrag, den Gerhard Erker zu einem Kolloquium der Preisträger der Alfried Krupp und Bohlen und Halbach Stiftung in der Villa Hügel in Essen beigetragen hat. Aus dem Deutschen Taschenbuch-Verlag in München (1993) stammt das Buch von Siegfried Wachtel und Andrej Jendrusch mit dem Titel „Der Linksdrall der Natur", das sich mit dem Phänomen der Händigkeit auseinandersetzt.

Ein Molekül wie ein Fußball (1992): Über „Fullerene" berichteten Robert F. Carl und Richard E. Smaley in „Spektrum der Wissenschaft" (12/91); in derselben Zeitschrift (4/93) findet sich auch ein aufschlußreicher Beitrag von Roald Hoffman über „Die Chemie zwischen Natur und Ideal" mit ausführlichem Bezug auf die Fullerene. In Deutschland beispielsweise werden Fullerene von der Hoechst AG hergestellt und auch anderen Wissenschaftlergruppen zur Verfügung gestellt.

Vom Ei zum Organismus (1992): Christiane Nüsslein-Volhard und Herbert Jäckle sind 1986 mit einem der Leibniz-Förderpreise der Deutschen Forschungsgemeinschaft ausgezeichnet worden. Ausgewählte Forschungsarbeiten von weiteren Trägern dieses renommiertesten deutschen Forschungspreises werden in dem Band „Wegweiser der Wissenschaft", herausgegeben von Rolf H. Simen, Eva-Maria Streier und Dieter Hüsken, 1992 erschienen im Verlag Deutscher Forschungsdienst, Bonn, vorgestellt.

Im Kreislauf von Leben und Tod (1993): Diese Forschungsreportage schildert die Arbeit eines Leibniz-Preisträgers der Deutschen Forschungsgemeinschaft und ehemaligen Stipendiaten der Alexander von Humboldt-Stiftung. Hintergründiges zur modernen Gaia-Hypothese nach James Lovelock schildert dessen Schülerin Elisabet Sahtouris in ihrem Buch „Gaia – Vergangenheit und Zukunft der Erde" aus dem Insel Verlag, Frankfurt am Main, 1993.

Von Meteoriten, Planeten, Sternkatastrophen und neuen Zweifeln am „Big Bang"

Kein Kometenaufprall im August 2116 (1993) / Kernwaffen gegen kosmische Bomben (1993): Mit dem Problem „Gefahr aus dem All" beschäftigt sich Andreas von Rètyi in seinem gleichnamigen Buch aus dem Franckh-Kosmos Verlag, Stuttgart, das 1992 erschienen ist.

Hat Pluto eine Kleinfamilie? (1992): Forschungsreportage, in der neue Befunde der Astronomen der Europäischen Südsternwarte ESO und ihre aktuelle Deutung durch die Forscher beschrieben werden.

Sternentod im Feuersturm (1993) / Nachricht aus dem frühen Universum (1993) / Neue Zweifel am Anfang aller Dinge (1993): Literaturempfehlungen: Joseph Silk, „Der Urknall – Die Geburt des Universums", Verlag Birkhäuser, Basel 1990; Bernulf Kanitscheder „Von der mechanistischen Welt zum Universum", Wissenschaftliche Buchgesellschaft, Darmstadt 1993. Beiträge zur Entstehungsgeschichte des Universums und den Rätseln des Weltalls finden sich ohne Ausnahme in allen bisher vorliegenden Bänden der Reihe „Geschichten, die die Forschung schreibt", zuletzt im Kapitel „Zurück zum Big Bang" in Band 11.

Von Quastenflossern, Wölfen, Braunbären und leuchtenden Fischen

Auf den Flossen „gehen" sie nicht (1993): Ein Bericht der Forscher findet sich auch im „Jahrbuch 1992" der Max-Planck-Gesellschaft aus dem Verlag Vandenhoeck & Ruprecht, Göttingen. Unter dem Titel „Besuch bei den Vettern der Ahnen" wurde bereits im Band 7 der „Geschichten, die die Forschung schreibt" über eine erste Expedition von Professor Hans Fricke berichtet. Leser der „Geschichten" haben den Quastenflosser in Band 9 auch als „heimisches Fossil" kennengelernt.

Überlebenskünstler im Frack (1993): Forschungsreportage. Noch viel mehr über diese sympathischen Vögel findet man in dem Buch „Pinguine" von Christine Reinke-Kunze aus dem Verlag Westermann, Braunschweig 1993.

Elektrische Fische teilen nicht nur Schläge aus (1992): Forschungsreportage. Über den „siebten Sinn schwach elektrischer Fische" berichten Gerhard von der Emde und Horst Bleckmann auch in „Spektrum der Wissenschaft" (1/93).

Das leuchtende Frachtgut der Fische (1993): Ein Bericht über diese Leuchtbakterien aus der Feder von Claus-Jürgen Schulz ist in der Zeitschrift „Biologie in unserer Zeit" (2/93) aus dem VCH-Verlag, Weinheim/Bergstraße, nachzulesen. Daß viele Lebewesen nicht auf die Leuchtkraft anderer angewiesen sind, um sich ins rechte Licht zu setzen, belegt der Beitrag „Das kalte Licht des Lebens" in Band 2 der „Geschichten, die die Forschung schreibt", der sich mit dem Phänomen der Biolumineszenz beschäftigt.

Wie Blumen und Insekten zusammenfanden (1993): Klaus Lunau berichtet über dieses interessante Kapitel Entwicklungsgeschichte der Natur in „Biologie in unserer Zeit" (1/93).

Comeback eines Ausgestorbenen (1992): E. Thaler, E. Eltel und S. Jakob berichten im „Journal für Ornithologie" (122/81) über die Waldrapp-Brutkolonie im Alpenzoo Innsbruck. In derselben Zeitschrift (133/92) sind weitere Berichte über den Bestand in Saudi-Arabien sowie über Auswilderungsversuche nachzulesen.

Treibhauseffekt läßt Vögel seßhaft werden (1992): Über die Beobachtungen in Baden-Württemberg berichtete Wulf Gatter im „Journal für Ornithologie" (133/92); der lesenswerte Band von Peter Berthold „Vogelzug – Eine kurze, aktuelle Gesamtübersicht" ist 1990 bei der Wissenschaftlichen Buchgesellschaft, Darmstadt, erschienen.

Das Reh als Lebenskünstler (1992): Der Band „Das Reh in der Kulturlandschaft" von Fred Kurt ist 1992 im Verlag Paul Parey, Hamburg und Berlin, erschienen.

Isegrim kehrt zurück (1993): Mehr dazu ist in einem Tagungsbericht der Wildbiologischen Gesellschaft München (Sitz: Oberammergau) nachzulesen. Er trägt den Titel „Wolves in Europe" und ist von C. Promberger und W. Schröder herausgegeben worden.

Meister Petz erobert die Alpen zurück (1993): Hintergründiges dazu teilt Wolfgang Schröder in „Bärenschutz in den Alpen", einer Schrift der Wildbiologischen Gesellschaft München mit, die in Zusammenarbeit mit Bärenfachleuten aus den Alpenländern entstanden ist.

Von Ökologie, Biochemie und Gentechnik

Was Ökologie und Biochemie gemeinsam vermögen (1992): Auch Otto Ludwig Lange und Ulrich Heber sind Leibniz-Preisträger der Deutschen Forschungsgemeinschaft. Ein etwas ausführlicherer Bericht über ihre Arbeit findet sich auch in „Wegweiser der Wissenschaft", einem Buch über die Arbeit von Leibniz-Preisträgern aus dem Verlag Deutscher Forschungsdienst, Bonn, herausgegeben von Rolf H. Simen, Eva-Maria Streier und Dieter Hüsken. Eine Literaturempfehlung, die darüber hinaus für dieses ganze Kapitel gilt, kann mit dem Band „Der grüne Planet – Ökologisches System Erde" von Wallace Arthur gegeben werden, der im Spektrum Akademischer Verlag, Heidelberg 1992, erschienen ist.

Von Liebe und Haß im Pflanzenreich (1992): Forschungsreportage über die Arbeit des Teams um Heide Schnabl am Institut für Landwirtschaftliche Botanik der Universität Bonn.

Spionage im Reich der „Klebewesen" (1993): Forschungsreportage.

Magnetische Mikroben als Saubermänner (1992): Forschungsreportage. Der gleichsam erste Teil dieser erstaunlichen Entdeckungsgeschichte magnetischer Lebewesen findet sich in Band 6 der „Geschichten, die die Forschung schreibt" unter dem Titel „Bakterien mit Kompaßsinn". Rainer B. Langen beschreibt darin die erfolgreiche Suche der Forscher Matthias Oberhack und Roland Süßmuth von der Universität Hohenheim nach solchen magnetischen Mikroben in Teichen und Tümpeln im Vorland der Schwäbischen Alb.

Selbst Raubpilze können nützlich sein (1993): Ein Bericht zu diesem Thema von Annemarthe Rubner und Anne-Ruth Bernitzky ist in der Zeitschrift „Biologie in unserer Zeit" (1/93) erschienen.

Aus der Retorte frisch auf den Tisch (1992): Bericht über ein Thema der Tagung „Gentechnik und Ernährung", die 1992 von der Friedrich Ebert-Stiftung, Bonn, und dem Institut für angewandte Ökologie e. V., Freiburg im Breisgau, gemeinsam in Bonn veranstaltet worden ist. Literatur dazu: Ernst-Ludwig Winnacker: „Der Faden des Lebens – Warum wir die Gentechnik brauchen", Verlag Birkhäuser, Basel 1993.

Die dicksten Kartoffeln für die klügsten Bauern (1992): Forschungsreportage.

Umweltanalysen, Prognosen und Visionen

Zuerst verschwinden die Fische (1992): Bericht über eine Dahlem-Konferenz, die Ende 1992 in Berlin stattgefunden hat. Die jetzt von der Freien Universität Berlin veranstalteten Dahlem-Konferenzen umfassen jährlich etwa vier verschiedene Veranstaltungswochen, zu denen führende Wissenschaftler aus aller Welt eingeladen werden, über wichtige Probleme fachübergreifend zu diskutieren, ihre Erfahrungen auszutauschen und neue Zielsetzungen dafür festzulegen, wie man sie gemeinsam lösen könnte.

Wächst der deutsche Wald sich krank? (1993): Bericht über eine Informationsveranstaltung, die von der Bonner Wissenschaftspressekonferenz zum Thema „Zehn Jahre Waldschadensforschung" mit Experten veranstaltet worden ist.

Verjüngungskur für kranke Wälder (1992): Ein Bericht von Franz Binder zur „Aufforstung in Waldschadensgebieten – Untersuchungen zur künstlichen Verjüngung von Beständen im Frankenwald, Fichtelgebirge und in den Bayerischen Kalkalpen“ ist in der Reihe „Forstliche Forschungsberichte München“ (119/92) veröffentlicht worden.

Biomasse – Alternative zur Erdölchemie? (1993): Das Buch von Dieter Osteroth „Biomasse – Rückkehr zum ökologischen Gleichgewicht“ ist im Springer Verlag, Berlin/Heidelberg, 1991 erschienen.

Visionen vom ökologischen Stadtumbau (1992): Das Buch „Ökologischer Stadtumbau“ von Ekhart Hahn, von dem in diesem Beitrag die Rede ist, erschien 1992 im Verlag Peter Lang, Frankfurt am Main.

Klimaprognosen mit vielen Unbekannten (1993): Mehr zu den Hintergründen auch dieser Forschungsreportage, die sich kritisch mit dem Wert von Vorhersagen auseinandersetzt, kann man in dem Band „Szenarien der Zukunft – Was Wissenschaftler über die Zukunft wissen können“ nachlesen, der von John L. Casti stammt und im Verlag Klett-Cotta, Stuttgart, 1992 erschienen ist. Aufschlußreiche Beiträge über die voraussichtlichen oder wahrscheinlichen Folgen der vom Menschen ausgelösten Klimaveränderungen finden sich im Kapitel „Erde in Atemnot“ auch im Sonderband der Reihe „Geschichten, die die Forschung schreibt“ „Ein Umweltlesebuch des Deutschen Forschungsdienstes“, 1990 herausgegeben von Bettina Reckter, Rolf H. Simen und Karl-Heinz Preuß, Verlag Deutscher Forschungsdienst, Bonn.

Ein Frühwarnsystem für verfehlte Entwicklungen (1993): Ein Bericht über eine diesbezügliche Tagung des Vereins Deutscher Ingenieure, Düsseldorf.

Ökologische Lehren aus dem Alten Testament (1993): Aloys Hüttermann beschreibt seine Nachforschungen, Überlegungen und Schlußfolgerungen zu diesem ungewöhnlichen Thema in einem Artikel in der Zeitschrift „Naturwissenschaften“ (4/93).

Alle Beiträge in diesem Buch gehen auf Berichte zurück, die in den Pressekorrespondenzen „df-Berichte aus der Wissenschaft“ und „df-Sonderdienst angewandte Wissenschaft“ des Deutschen Forschungsdienstes, Bonn, erschienen sind. Die Jahreszahl in Klammern hinter den Titeln im Quellenverzeichnis weist auf das Jahr der Erstveröffentlichung des Originalbeitrages in den Pressekorrespondenzen hin. Eine Auswahl dieser Beiträge erscheint regelmäßig auch in „df-digest für Jugend und Bildungseinrichtungen“ und „df-magazin“.